新版 图说 大都市圈

[日] 富田和晓 · 藤井 正 编

王 雷 译

中国建筑工业出版社

扉页照片：东京都中央区的超高层公寓式住宅（HS）

本书扉页和隔页中使用的照片的拍摄者姓名如下：

TY= 山中拓真（株式会社 NISSEICOM），HS= 佐藤英人，KT= 富田和晓，

HY= 山下博树，TF= 藤井　正，MF= 藤卷正己。

序 言

目前,日本全国大约有 60% 的人口生活在大都市圈。从世界范围来看,城市人口迅猛增长,世界人口中的半数左右居住在城市,特别是在发展中国家,大都市的人口增加更为显著。这些城市和大都市圈构成了本国乃至全世界的经济、政治网络的中枢。那么居住着如此之多的人口,又在全世界广泛分布的大都市圈究竟是怎样的空间,又拥有怎样的区域空间结构,还存在什么样的问题?围绕大都市圈的这些问题逐一进行论述,是本书的核心内容。

汽车普及化与环境问题,人口老龄化与女性参与社会竞争,通勤人口移动的变化、老城区的复兴等,这类困扰城市的问题层出不穷,简直让人目不暇接。在这其中,存在着大量必须从大都市圈的区域空间结构视角,或者在社会与区域空间的关系中进行探求、分析的重要问题。但是从目前日本国内已有的文献上看,虽然在地理学或城市规划学领域已经有了大都市圈研究的专著,但对大都市圈的区域空间结构进行全方位解读的书籍还未见出版。

基于以上的背景因素,本书的定位具有如下特征:以日本的三大都市圈为核心展开论述,并对日本的地方都市圈和世界上其他国家的大都市圈进行概述。由于本书是通过大量图表,来解读大都市圈的区域空间结构和演进规律,以及同区域空间结构密切相关的各类现象(人口变化、土地利用、居住区开发、产业布局、交通·通勤、居民的生活空间等),因此,书名被定为《图说 大都市圈》。

另外,本书还被计划用于大学的人文地理、地志和城市规划课程的教科书或参考书,因此,在编写时专门作了以下两方面的内容安排。

第一,尽可能地选取多种类型的大都市圈案例和问题作为解读对象。本书所纳入的大都市圈,在着眼于日本三大都市圈的同时,也关注了仙台大都市圈、广岛大都市圈、福冈大都市圈、金泽都市圈等日本的中小规模地方都市圈,另外,还选取了位于美国、英国、澳大利亚、中国、马来西亚等世界各地的大都市圈进行了整理和分析。本书在专题的安排上,尽量兼顾从多角度、全方位来把握大都市圈的发展状况。执笔本书各专题的 32 位人文地理学者,最大限度地浓缩、精炼阐述其研究成果。

上述思路贯穿了本书从酝酿到完成的全过程,可即便如此也不能断言本书已经具备了所有的视角,或覆盖到了全部的城市问题,譬如城市的娱乐业、郊外居住区的多元混合空间、垃圾废弃物处理问题以及都市农业等内容,鉴于本书篇幅所限而没有专门涉及,另外,如法国等发达国家以及马来西亚以外的发展中国家也由于同样的理由未作专门论述。

第二,关于人们思考大都市圈的区域空间结构、社会与区域空间关系时必须用到的基础知识,本书简要地介绍了地理学领域中经过长期积累、验证而凝练出来的经典概念、理论和模型。其中包括城市区域空间结构模型、产业布局理论、中心地理论等,与之相关的图和说明文字在相关联的章节专题中都有所体现，请读者进行合理的比对和参考。

综上所述，本书的基本编著意图可理解为，帮助读者了解人口、产业高度集聚的日本和世界其他国家的大都市圈的形成过程和现状，学习人文地理学的经典理论和分析方法。在读者思考日本乃至世界的大都市、大都市圈的发展远景时，如果本书能够为大家提供到有益的启示和参考，将令编者倍感荣幸。

本书所论述的日本的大都市圈，从空间领域范围的设定标准上看，主要有以下三种划分方式。

(1) 常住地就业人口的 5% 以上或 10% 以上前往中心城市通勤的市町村，均被划入该大都市圈的范围，这也是在地理学的研究中被普遍使用的标准。

(2) 在国势普查报告书中定义的大都市圈、都市圈。即，常住地总人口中的 1.5% 以上前往中心城市通勤·通学的市町村，为大都市圈、都市圈的范围。其中，以东京都 23 区（亦称东京都特别区部，简称东京都区部）和政令指定都市为中心城市的城市群被定义为大都市圈，以其他人口在 50 万以上的城市为中心城市的被定义为都市圈。

(3) 由都道府县行政区构成的城镇体系。例如，东京大都市圈包括了东京都、神奈川县、埼玉县、千叶县等 4 个都县。

在此需特别说明的是，在本书中以上述 (2) 大都市圈范围为分析对象时，多使用了与国势普查报告书不完全一致的名称。即，通常将京滨（东京·横滨·千叶）大都市圈称为东京大都市圈；将中京大都市圈称为名古屋大都市圈；将北九州·福冈大都市圈称为福冈大都市圈。另外，有时也会将大都市圈的名称简化，譬如将东京大都市圈称为东京圈，将京阪神大都市圈称为京阪神圈等。

出于对概论书籍所具有的性格特点考虑，本书在正文中最低限度地标注了引用和参考文献，并将各专题的参考文献都归纳到了本书卷末，以便于读者希望看到更详细的论述或者想进一步深入了解相关知识时进行查阅。另外，图表的来源均已在图框外做了简单标记，其完整的引用文献和资料也被统一整理到了本书卷末。

最后，对古今书院的桥本寿资社长和在图表编辑上付出了大量精力的编辑部的长田信男先生，表达诚挚的谢意！

(新版寄语)

自 2001 年初版发行后，本书有幸受到了广大读者的好评，因而得到了这次修订版发行的机会，在此向本书的读者致以由衷的敬意。在此次修订中，为了反映最近大约 10 年间大都市圈·都市圈的变化，本书在修改内容的同时，增加了执笔者人数，并对各专题的分担进行了调整。希望本书在今后能够继续在大家思考大都市圈结构时发挥有益的参考作用。

富田和晓

藤井　正

2010 年 4 月

目 录

Ⅰ 日本的三大都市圈

东京·涩谷火车站前（KT）

从大阪火车站看京桥·大阪城方向（TY）

I.1　大都市圈的定义和演变

大都市圈概念的登场

大都市圈，是指超越了行政边界，与大都市在景观形态上结为一体，或与大都市在城市功能上存在密切关系的区域，地理学将其划分为三种类型：①在景观形态上同大都市连接成片的城市化区域（城镇连片区）；②通过通勤等日常活动与大都市形成紧密联系的区域（日常生活圈）；③在经济活动和人口流入等方面与大都市联系紧密的区域（大都市影响圈）。本书所讨论的大都市圈多属于上述①的类型。

以日常生活圈为基础的大都市圈的概念，源于人们跨越市町村 * 行政区边界的日常空间迁移行为（尤其是通勤）日益增多，在日常生活方面呈现出区域一体化的倾向。换一种说法，即居住地与工作单位、学校所在地的空间分离程度加剧，从周边的市町村前往某中心大都市通勤（或通学）的人口规模扩大。上述现象的出现和交通条件的改善密不可分，美国之所以在全球率先正式设定了基于日常生活圈的大都市圈，与其区域交通条件的发展大大领先于其他国家有着直接关系。把居住地与通勤（通学）目的地在空间上结合起来的极化区域跨越了市町村行政边界，进而在空间上不断外延就有可能形成都市圈，如果其中节点或区域内核的规模十分巨大，那么就可判断该区域为大都市圈。

大都市圈的定义

中心城市规模巨大的都市圈通常被称为大都市圈，但是关于中心城规模的标准尚不存在。在日本的国势普查报告中，以东京都特别区部（23 区）或其他政令指定都市为核心的城市区域被称为大都市圈。基于上述概念，在人们的日常活动中，与中心城市关系密切的地区（郊区），即为大都市圈的中心城市周边地区。日本国势普查报告规定，若一个市町村总人口的 1.5% 以上成为某核心城市的通勤（通学）人口，则该市町村应纳入该大都市圈范围，此数值亦为划定大都市圈范围的下限标准（参照本书第 16 页）。然而，该规定并非日本大都市圈范围设定的唯一标准，除此之外，还有将大都市圈的范围控制在更为狭小范围内的标准设定，大多将前往核心城市的通勤人口占该市町村常住总就业人口的比例下限定为 5% 或 10%，超出该数值的市町村即被划入大都市圈范围。

大都市圈的人口变化

大都市圈的人口变动具有普遍性，图 I.1.1 的克拉森(K.H. Klaassen)模型诠释了其过程特征。

大都市圈的人口集聚最初是发生在大都市圈的中心城市，由于此时中心城市尚有一定的用地空间加之交通条件不发达，导致人口在较为狭窄的城区内迅速增加。在这一阶段，人口的动态变化表现为两类趋势：(1) 中心城市的人口迅速增加，郊区人口减少或部分增加。该阶段

---

*　译者注：市町村是日本的"基础地方公共团体"的总称，和"广域地方公共团体"的都道府县相对。但日本的市是狭域市，除了政令指定都市可以分区以外，不辖下级政区。"町"相当于我国的"镇"；此处的"村"类似我国的"乡"，而非指日本农村地区的自然村落的"村"。市、町、村和东京都特别区部四者之间，地位相互平等，没有隶属关系。

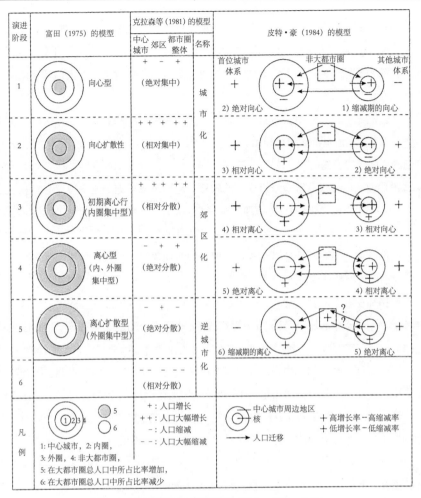

图I.1.1 大都市圈的人口演变模型（出处：富田，1995）

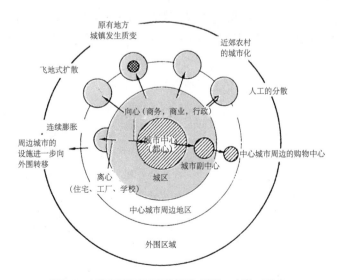

图I.1.2 大都市圈的空间结构模型（出处：山鹿，1984）

的城市化通常被称为集中城市化或狭义城市化。(2) 在此基础上，如果城市人口继续增加，人口开始从中心城市逐渐向外围地区蔓延，交通工具的发展进一步加速了这一进程，于是从中心城市周边地区到中心城市的通勤人口移动模式出现。在这一阶段，中心城市的人口达到极限后开始减少，而中心城市周边的人口增加，这一阶段的城市化通常被称为人口郊区化或分散式城市化。

在这样的人口动态变化过程中，如图 I.1.2 所示，大都市圈的中心城市周边地区会出现小城镇的空间变异以及近郊农村的城市化现象。

大都市圈的空间结构演变

从狭义城市化向郊区化（分散式城市化）的转移，是城市成长到一定阶段后必然要出现的结果，在这一成长过程中，城市的核心管理功能、商务机构、服务产业持续向中心城市集聚，白领人口规模增大，在城市经济当中，第二产业的商务管理部门经济和第三产业所占的比重增大。上述领域的就业人员与制造业员工相比，职住分离现象更为普遍，居住在郊区，工作在中心城市的通勤模式越来越普遍。

郊区化不单指那些在中心城市拥有工作岗位的人口向城市郊区的迁移，还体现在各种产业的空间转移上。相对于中心城市范围内的高地价和用地紧张，制造业更青睐于到郊区选址建厂，与此相似的还有需要整片大规模用地，并对交通便捷性有较高要求的仓储和物流设施，以及大学新校区的选址。随着郊区的人口与产业的集聚，大型超市等零售业设施和服务产业设施也开始集聚。由此产生的直接结果是，中心城市周边地区的就业和消费对于中心城市的依存度下降，城市郊区的独立化倾向日益明显（图I.1.3）。上述城市化向郊区化的转变对于大都市圈的影响非常巨大，尤其是郊区化的最终阶段，更被直接看作是大都市圈的转型。从区域空间结构上看，从对周边地区拥有绝对影响力的单级区域空间结构，转化为在中心城市周边地区分布成长出多个较大的城镇，这一过程就是大都市圈的一次重大转型。

产业选址的同心圆结构

通常，大都市圈内的产业选址会呈现出商业→工业→农业的由内向外的同心圆结构，能够证明这一现象的普遍性的科学理论是地价附加值理论。在图I.1.4 中，横轴为到大都市圈的中心城市的市中心的距离，纵轴表示单位面积土地的产值，显示上述两者之间关系的曲线被称为地价附加值曲线。从与纵轴的相切点以及曲线的倾斜角度可以看出，该曲线因所选产业不同而体现出不同的特点。其中商业（包括零售业）地价附加值曲线与工业地价附加值曲线的区别体现于以下几点：(1) 由于商业（包括零售业）具有被不特定多数的消费者选择的接近性特征，因而选址在城市中心地区，即使地价高，也会通过交通条件改善和城市功能完善等要素吸引到更多的消费者，保证高收益；(2) 农业在单位面积土地上的收益则不易受距离城市中心远近的影响，即便在相距城市中心很远的地区，其收益下降也不明显。以地价承受能力与单位用地面积产出收益的正比例关系为先决条件，依据地价附加值曲线可推导出产业选址的同心圆结构，即商业选址在最接近城市中心的地区，其周边是工业选址，而农业分布在距离城市中心最远的外围区域。

（富田和晓）

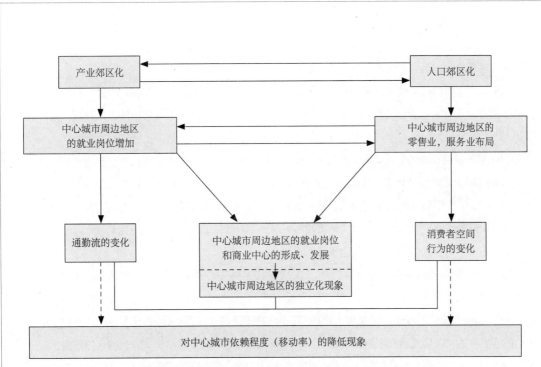

图I.1.3 郊区化阶段大都市周边地区的演变现象的相互关系（出处：富田，1995）

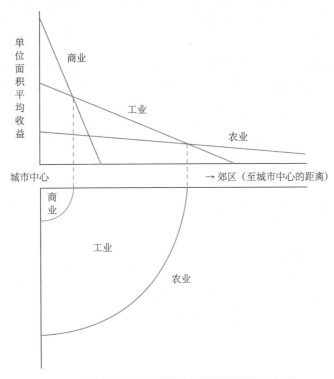

图I.1.4 同心圆式的产业布局模型（在富田绘制的原图上加工）

I.2　大都市圈的人口迁移

第二次世界大战后日本大都市圈的人口迁移

包括日本在内的经济发达国家，在完成产业革命以后，在城市产生的大量工业劳动力需求，吸引了国内的农村剩余劳动力和外国移民的迁入。图I.2.1显示了日本三大都市圈人口净迁入（"迁入"－"迁出"）的变化过程。在20世纪60年代以前，三大都市圈的人口迁入具有压倒优势，70年代以后，以两次石油危机为源头的经济低迷，以及50年代以后出生率降低所引起的青年人口总数的减少，直接导致了三大都市圈人口净迁入走低。另外，三大都市圈的人口净迁入在20世纪70年代中期以前，呈现出的趋势颇为相近，自80年代以后，相对于大阪大都市圈和名古屋大都市圈的平稳态势，东京大都市圈则显现出了较为激烈的年际增减变化。

日本各市区町村人口的迁移目的地选择

根据1990年的国情普查数据绘制的图I.2.2，显示了1985~1990年从日本各市区町村向三大都市圈迁出人口的分布状况。此处的京滨大都市圈、京阪神大都市圈、中京大都市圈，遵照了1985年日本国势普查中所定义的大都市圈范围。如图所示，本州东部的日本各市区町村人口的迁出目的地，明显指向了京滨大都市圈；本州中部的岐阜、爱知、三重各县的人口迁出集中到了中京大都市圈；本州西部的近畿、中国、四国区域的人口迁出明确指向了京阪神大都市圈；而包括了本州西端的广岛、山口、九州乃至冲绳各县的人口迁出，则远远指向了京滨大都市圈。自20世纪80年代以后，随着日本经济的良好发展势头，东京成长为世界都市，致使东京人口吸入圈到达了前所未有的迅猛扩大时期。

人口迁移效率指数的变化特征

大都市圈的人口迁入与迁出的正负偏好，可通过人口迁移效率指数来把握。该指数是用净迁入除以总迁移（"迁入"＋"迁出"）的百分率（%）来表示。从人口迁移效率指数上看，净迁入的偏好程度充分反映在与100%或-100%的接近程度上，而迁入与迁出的人数大致保持平衡时上述指数趋于0。即，该指数反映了人口迁移的单向或双向的偏好。图I.2.3呈现了1985~1990年三大都市圈所在的关东（茨城县、栃木县、群马县、埼玉县、千叶县、东京都、神奈川县、山梨县、长野县）、东海（岐阜县、静冈县、爱知县、三重县）、近畿（滋贺县、京都府、大阪府、兵库县、奈良县、和歌山县）三大都市区域的不同年龄段的人口迁移效率指数，其中，关东区域因为存在丰富的就业岗位和为数众多的高等院校，分别在15~19岁和20~24岁的年龄段上产生了人口迁移效率指数60%的高位正值。从总体上看，在20世纪60年代以前，任一年龄段上的日本各大都市圈的人口迁移效率指数一般呈现较高位的正值，而进入70年代之后，由于青壮年群体中向地方中小城市回流的人口比例增大，以及地方中小城市自身滞留人口比率的增加，致使日本大都市圈人口迁移的双向流动得到了加强。

（石川义孝）

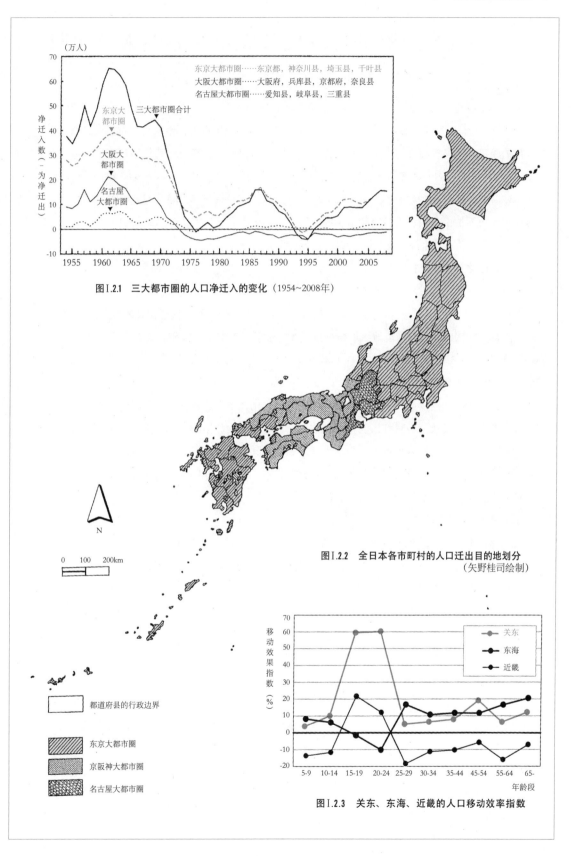

（万人）

东京大都市圈……东京都，神奈川县，埼玉县，千叶县
大阪大都市圈……大阪府，兵库县，京都府，奈良县
名古屋大都市圈……爱知县，岐阜县，三重县

东京大都市圈

三大都市圈合计

大阪大都市圈

名古屋大都市圈

净迁入数（－为净迁出）

图I.2.1　三大都市圈的人口净迁入的变化（1954~2008年）

图I.2.2　全日本各市町村的人口迁出目的地划分
（矢野桂司绘制）

N

0　100　200km

都道府县的行政边界

东京大都市圈

京阪神大都市圈

名古屋大都市圈

移动效果指数（%）

关东
东海
近畿

年龄段

图I.2.3　关东、东海、近畿的人口移动效率指数

I.3 三大都市圈的郊区化和城市中心的人口回归

人口的郊区化

如将表I.3.1的大都市圈人口变化与本书第3页的图I.1.1克拉森（K.H. Klaassen）模型结合起来，可发现以下特点。在1975~1990年，东京大都市圈和京阪神大都市圈呈现出了人口绝对分散的趋势，而名古屋大都市圈为相对分散，福冈都市圈和札幌都市圈则是相对集中。到了1990~1995年，名古屋大都市圈也进入到了人口绝对分散的行列里。在1995~2000年，各大都市圈普遍呈现出了与此前完全不同的人口变化趋势。即，在东京大都市圈、京阪神大都市圈、名古屋大都市圈的中心城市人口继续增长的同时，大部分中心城市周边地区却出现了人口减少，这样的人口动态变化特征很难用传统的克拉森模型来解释。

产业郊区化与郊区独立化

日本的三大都市圈在1960~1995年期间，人口的郊区化得以迅速发展。与其相伴，如本书第5页的图I.1.3所示，中心城市周边地区出现了独立化的趋势。其中具有代表性的变化为，从东京大都市圈的中心城市周边地区前往东京区部（东京都23区）购买高档服饰的购物出行率持续低迷（表I.3.2），其主要原因是中心城市周边地区陆续新建的百货商店、大型超市、品牌服饰专卖店等，促使当地居民逐渐减少了前往中心城市的出行次数。

随着产业郊区化的发展，中心城市周边地区的独立化在各个领域得以展开。固然仍存在持续向中心城市高度集聚，较难出现郊区化的产业，譬如在业务拓展方面一贯重视大都市的集聚效应，同时又拥有较强地价承受力的大企业总部及其重要分支部门。与此相对，那些地价承受能力较弱，又不十分重视大都市集聚效应的大型工厂、物流中心、仓储设施等，郊区化发展则非常显著。

城市中心地区的人口增长

如表I.3.3所示，东京都和大阪市等大都市的城市中心地区，在1960~1995年期间，人口大幅减少。这主要是因为，上述时期内城市中心地区的住宅建设和住宅用地未能享受到政策上的保护，较容易变更为其他产业用地，结果导致住宅用地变更为商住或商业用地，本地居民向周边地区大量迁出。上述趋势在1995年以后（数据统计至2009年）发生了逆转，人口开始持续增加。如表I.3.4所示，除东京都和大阪市之外的札幌市、福冈市等大都市的城市中心区（覆盖该市中心的主要区），在2000~2009年也普遍呈现了人口增长的趋势。作为最高值，东京都的中央区出现了约为45%的人口增长率。在这类人口增长中，人口自然增长（出生数－死亡数）所占的比例较低，总体上属于人口社会增长（迁入人口－迁出人口），即从其他地区迁入城市中心地区的人口多，而从城市中心迁往其他地区的人口少。上述城市中心地区的人口增长现象，被称为人口的城市中心回归。但是，针对回到城市中心的人口原属地特征的分析结果显示，其中，原本为城市中心居民的回归人口所占比例极少，而绝大多数是从大都市的城市中心地区之外的地域（包括其他城市）迁入的人口。

表I.3.1 大都市圈的人口增长率（出处：富田，1995等）

	1975～90年（%）		1990～95年（%）		1995～2000年（%）		2000～05年（%）	
	中心城市	中心城市周边地区	中心城市	中心城市周边地区	中心城市	中心城市周边地区	中心城市	中心城市周边地区
东京大都市圈	△5.6	31.7	△2.4	4.9	2.1	2.7	4.4	2.8
京阪神大都市圈	△0.7	15.2	△1.3	4.7	1.3	△2.9	1.2	0.4
名古屋大都市圈	3.6	16.5	△0.1	5.4	0.9	△0.7	2.0	2.1
福冈大都市圈	9.9	9.1	1.8	4.4	2.1	△2.8	1.8	4.2
札幌大都市圈	34.8	22.1	5.1	10.8	3.7	△5.5	3.2	5.6
广岛大都市圈	18.3	0.6	2.1	3.4	1.6	△1.8	2.5	△0.8
仙台大都市圈	34.0	13.0	5.8	5.2	3.8	0.8	1.7	7.3

在使用中心城市和中心城市周边地区的人口增长率分析郊区化程度时，严格意义上应考虑到中心城市的行政区域的范围大小。

注1）大都市圈的范围参照日本总务省统计局的《大都市圈の人口》。

2）大都市圈的名称与日本总务省统计局的《大都市圈の人口》有所差异。

3）东京大都市圈的中心城市为东京都23区。

4）△表示负值。

表I.3.2 以购买高档服饰为目的前往东京都23区的人口出行率

	1960年代	1970年代	1980年代
埼玉县	29.2%	18.9%	10.8%
千叶县	18.2%	5.4%	2.9%
神奈川县	13.9%	9.7%	5.9%

注）由各县下的市町村数据汇总而成的全县总出行率。而在同一县域内，还存在距离东京近的市町村的数值高，距离东京远的市町村的数值低的差异。

表I.3.3 三大都市的城市中心地区人口演变（千人，根据国势普查报告书等资料作成）

年度	1960年	1970年	1980年	1990年	1995年	2000年	2009年
东京都中心3区	545	402	339	266	244（44.8）	268	357（65.5）
大阪市中心3区	353	247	206	204	197（55.8）	211	244（69.1）
名古屋市中心4区	483	455	366	347	335（69.4）	328	327（67.7）

注1）东京都中心3区：千代田区，中央区，港区。大阪市中心3区：北区，中央区，西区。
名古屋市中心4区：中区，东区，中村区，热田区。

2）括弧内为以1960年为基数100.0时的变化指数（蓝色数字）。

表I.3.4 大都市的城市中心区人口变化（笔者根据地区经济总览作成）

	人口（千人）			2000~2009年的人口		人口社会增长所占的份额（%）[1]
	2000年	2005年	2009年	增长数（千人）	增长率（%）	
札幌市中央区	174	191	206	32	18.4%	93.1
仙台市青叶区	262	266	207	8	3.1%	58.5
东京都中央区	77	95	111	34	44.2%	88.0
名古屋市中区	62	64	68	6	9.7%	99.0
京都市中京区	90	95	98	8	8.9%	118.3
大阪市中央区	54	62	71	17	31.5%	96.6
福冈市中央区	139	154	162	23	16.5%	64.1

注1）在2005~2008年的人口增长中，社会增长所占的份额（蓝色数字）。

2）城市中心区指该城市最中心的地区所处的（行政）区。

3）社会增长数＝迁入人口数－迁出人口数。

城市中心地区的公寓式住宅布局与人口增长

城市中心地区的人口增长与该区域的新建公寓式住宅的布局关系密切（照片I.3.1）。此类公寓式住宅开发建设的动因可以从供需两方面来进行分析。从需求方的角度来看，由城市中心地区的城市功能集聚效应引发的多种多样的便捷性是其主因，具体表现为以下三点：①就业岗位的集聚（职住相近）；②餐饮、零售、娱乐业等服务和文化设施的集聚；③地铁等公共交通设施的完备。这些便捷性更好地满足了日本社会需求的变化，这些社会变化主要包括：①社会整体的富裕化；②可自由支配的休闲时间增加；③女性能够普遍地参与社会活动。

对公寓式住宅开发建设的供给方而言，20世纪90年代以后，政府针对高层公寓式住宅建设的政策限制得以放宽，泡沫经济崩溃（1991年）后的土地价格下跌，经济不景气导致大企业囤积的城市中心土地大量抛售，为公寓式住宅建设用地的增加创造了有利条件。除此之外，以推动大都市的大规模城区更新为核心内容的《城市更新特别措施法》（2002年）也起到了至关重要的作用。

城市中心地区人口的国际比较

在全球范围，东京都和大阪市的城市中心地区的夜间人口相对较少（图I.3.1、表I.3.5）。东京都中心3区的夜间人口密度，仅相当于纽约市曼哈顿区的1/4，在超高层摩天楼林立的曼哈顿竟然有大量的人口在居住，而巴黎的情况也与之类似，这让人觉得多么不可思议。从昼夜间的人口比来看，东京都中心3区约为10左右，大大超出了其他国家大都市圈的水平。即，在东京都的城市中心地区居住的人口虽然少，但在该区域范围内工作的人口规模极为巨大，这些从业人口多数住在郊区，必须忍受每天的长距离通勤。通过分析可以清楚获知，东京都等日本大都市的城市中心的职工通勤时间与其他发达国家同等规模的大都市相比，明显更长。

城市的区域空间结构模型

大都市圈通常被视为大都市的城市用地空间持续扩大后形成的城镇空间形态。因此，关于城市区域空间结构的三大经典模型也适用于多数大都市圈区域空间结构的解读。图1.3.2的同心圆模型，是基于美国的城市社会学者巴杰斯对芝加哥城实施调研后，于1925年发表的论文成果。扇形模型是经济学者怀特，以美国多个城市的住宅用地价格空间分布为依据做出的。多核心模型是美国地理学者哈里斯和阿尔曼在1945年发表的，该模型的创新之处首先是，提出了诸如中心城市周边的产业功能区这样位于CBD以外的城市核心的存在，其次，是体现了同心圆要素、扇形要素的合二为一的性格。在本书中，与上述三种模型的原理相契合的大都市圈现象为数众多。

（富田和晓）

照片Ⅰ.3.1 东京都中央区的大川端21世纪水城的超高
　　　　　层公寓式住宅（佐藤英人拍摄）

　　在石川岛播磨重工（现在的IHI）的造船厂遗址上
重新开发建造的塔式公寓，于1999年完工，开发主体
为都市再开发机构、东京都住宅局、东京都住宅供给
公社、三井不动产，包括高180m、54层的公寓式住宅
等建筑总计8座。以该公寓的两居室二手房销售价格为
例，居住专有面积（不包括阳台、楼道及其他公共分
摊面积）70m²，总价7100万日元（2009年）。

表Ⅰ.3.5 大都市的城市中心地区的人口密度和从业人口密度
（数据来国土厅）

	面积(km²)	人口(千人)	从业人口数(千人)	人口密度(千人/km²)	从业人口密度(千人/km²)
东京都中心3区	42.1	266	2550	6.3	60.6
名古屋市中心4区	41.6	347	684	8.4	16.4
大阪市中心3区	24.4	204	1301	8.3	53.3
纽约CBD	26.2	526	1964	20.1	74.9
伦敦市中心3区	46.8	361	982	7.7	21.0
巴黎市中心9区	39.1	656	986	16.8	25.2

注1）东京都中心3区：千代田区，中央区，港区。
　　　名古屋市中心4区：中区，东区，中村区，热田区。
　　　大阪市中心3区：北区，中央区，西区。
　　2）1990年数据，不同城市的数据在年份略有差异。

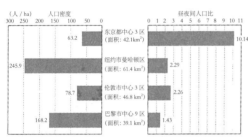

图Ⅰ.3.1 城市中心地区的人口密度和昼夜间人口比的
　　　　　国际比较（出处：国土厅，1996）

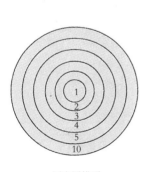

同心圆模型　　　　　　　扇状模型　　　　　　　　　　　　　　　多核心模型

1. 中心商务区（CBD）　　　　6. 重工业区
2. 批发、轻工业　　　　　　　7. 中心城市周边商务区
3. 低收入者居住区　　　　　　8. 郊外居住区
4. 中产阶级居住区　　　　　　9. 郊外工业区
5. 高收入者居住区　　　　　　10. 通勤人口居住地带

图Ⅰ.3.2 三大经典城市区域空间结构模型（出处：伊藤，2000. 作了部分修改）

I.4　三大都市圈的通勤行为及其变化

通勤圈的范围

作为日常生活圈的大都市圈的范围一般由通勤行为来界定。如果分别围绕东京都区部（东京都 23 区）、大阪市、名古屋市，作出 2005 年三大都市圈通勤率（前往中心城市通勤的人口占本地常住就业人口的比率）分析图，可以得到图 I.4.1 的结果。其中，以东京都区部为圆心的通勤圈的范围最广，5% 通勤圈（以中心城市为目的地的通勤率达到 5% 的外围环状地带，统称为 5% 通勤圈，其他依百分比类推）超出了 50km 的通勤半径，30% 通勤圈则较为均匀地分散在中心城区外围。东京都周边的横滨市、川崎市、千叶市、埼玉市等政令指定都市也均被东京都区部的通勤圈覆盖。大阪市的 5% 通勤圈的半径也超过了 50km，但 30% 通勤圈的范围相对东京要狭窄很多，由东北方向的京都市和西侧的神户市构成，总体上形成了块状形态特点。名古屋市的通勤圈的范围在三大都市圈中规模最小，主要分布在爱知县的西部区域。2005 年，东京都区部、大阪市、名古屋市的通勤人口分别为 302 万人、114 万人、44 万人，通勤圈的范围与通勤人数保持了一致。

另外，在上述三大都市的周边还存在着人口规模较大的政令指定都市，并且分别拥有自己的通勤圈（图 I.4.2）。京都市和神户市均形成了各自的通勤圈（拥有通勤率达 20% 的通勤圈），如再加上大阪通勤圈则共同构筑起了一个三极结构区域，被通称为"京阪神大都市圈"。而在东京都区部周边的横滨市、千叶市、埼玉市，却未能形成各自独立的 20% 通勤圈，只能作为东京通勤圈的一部分继续呈放射状向外围区域扩散，因此，这三个城市应定位为东京大都市圈郊区的重要节点城市。

交通工具和通勤补贴

三大都市圈的通勤·通学交通工具如表 I.4.1 所示。在流向东京都区部、大阪市的通勤·通学人口中，有 9 成左右利用轨道交通工具，对公共交通工具的依赖程度极高，私家车的利用率非常低。在流向名古屋市的通勤·通学人口中，尽管私家车的使用率达到了 42.1%，但轨道交通利用率为 64.4%，仍然最为重要。由此可见，在日本的大都市圈，从城市中心放射性扩散出来的轨道交通线，在通勤·通学的人口移动中发挥了重要功能。在近距离的人口移动上，东京都区部内的通勤和通学多依赖自行车或步行交通，而在东京大都市圈郊区的埼玉县内，依赖私家车的比例则高于轨道交通。其原因为呈放射状的轨道网络更有利于从郊区向中心城市运送、集聚人流，相反，在产业功能区和教育设施呈分散布局的郊区，则很难做到将通勤·通学人口快捷送达各自的目的地。

如果和美国的大都市圈进行比较，则可以发现在纽约大都市圈的通勤交通工具中，尽管公共交通所占比例已远超美国的其他大都市圈，但也仅仅达到 24.9%，远低于利用私家车通勤的 65.7%（2000 年美国统计年鉴），从这一点上，可以更深刻地认识到日本大都市圈的轨道交通的重要性。

另外，日本的企业通常会向员工支付通勤补贴，以保证员工即使住在远离中心城市的地

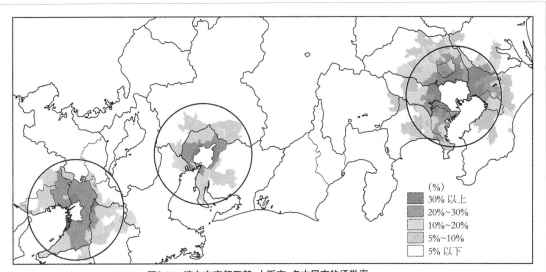

图I.4.1　流向东京都区部·大阪市·名古屋市的通勤率
注）圆心为各大都市的中心点，圆半径为50km（根据2005年国势普查结果作成）。

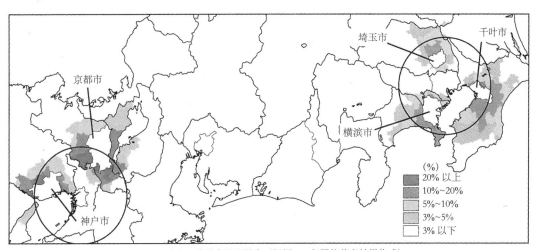

图I.4.2　流向周边城市的通勤率（根据2005年国势普查结果作成）
注）周边城市指图中位于三大都市周边的政令指定都市。

表I.4.1　通勤·通学人员使用的交通手段

	铁路	通勤·通学专用巴士	私家车	自行车·摩托车	步行	其他
全国	24.8	8.7	46.8	21.9	7.4	3.3
向东京都区部移动	91.4	18.9	10.3	16.2	0.1	2.1
向大阪市移动	84.4	15.0	15.1	18.6	0.1	2.0
向名古屋市移动	64.4	12.3	42.1	17.3	0.1	2.5
东京都区部内	56.5	10.5	8.2	25.1	10.0	2.6
埼玉县内	20.1	5.3	44.5	31.4	7.8	3.6

注）单位为%，复数回答（根据2000年国势普查结果作成）。

点,也无需计较通勤交通的费用。在针对美国的大城市调研中发现,以美国的城市为蓝本的巴杰斯的同心圆模型显示,城市的外围地区更受高收入阶层的青睐。该模型成立的前提条件是,居住在郊区的家庭应拥有购买私家车,并可承受日常通勤成本的较高收入。而在轨道交通工具承担主要通勤运输功能的日本,并未出现高收入阶层集中居住到都市圈外层的居住区域分化现象。

通勤圈的扩大和缩小

通常,人们可能会认为日本的三大都市圈仍在持续扩大,但事实上,近年缩小的趋势十分明显。如图I.4.3所示,这一趋势从中心城市的各行业就业人口的内部结构变化可窥见一斑。与2005年相比,在1955年,从城区外围前往城市中心通勤的人口数量非常少,但由于受到战时疏散政策的影响,同时,通勤补贴制度在该时间段已经普及,导致了5%通勤圈的范围较大。从1955年至1970年,从各大都市的外围区域流向城市中心的通勤人口保持了高度增长,占总就业人口的比例也大幅上升。20世纪70年代以后,尽管各大都市的总就业人口数量的增长出现停滞,但是从周边地区前往中心城市的通勤人口数仍然在持续增长。

1995年以后,通勤人口的变化趋势同以往相比出现了根本性转变,各大都市的市外流入城市中心的通勤人口都在减少,占总就业人口的比率也停止上升。图I.4.4显示了1995~2005年各大都市圈的通勤率变化,除极个别地区以外,流向各城市中心的通勤率全面下降,而同一时期的20%~30%通勤圈范围明显缩小。

大都市圈内的人口移动和通勤

关于近年通勤圈缩小的原因,可从大都市圈内的中心城市～郊区之间的人口移动特征入手展开分析(图I.4.5)。从中心城市向郊区的人口移动,自20世纪60年代开始迅速增长,一直到1970年前后达到顶峰。这些向郊区迁出的人口多在中心城市的职场工作,仅将居住地转移到了郊区,然后开始向中心城市通勤。由此可见,向郊区迁出人口的激增时间段与中心城市的通勤人口的激增期是一致的。然而从70年代开始,自中心城市向郊区的人口迁出开始迅速减少,到了90年代后期,郊区与中心城市之间的人口移动已经基本保持平衡,进入21世纪以后,中心城市呈现出了人口净迁入的趋势。随着人口郊区化的停滞,从郊区流向中心城市的通勤人口的后续供给能力也逐渐衰退。

非正规就业与通勤行为

在影响人口移动的各类因素中,还有一项重要因素值得关注。泡沫经济崩溃以后,大量出现的非正规就业人口的移动特征,也直接促使了从郊区向中心城市的通勤率降低。临时工、钟点工、非签约派遣职员等具有非正式员工身份的劳动者,通常更愿意选择距离自己住所较近的工作岗位,而尽量避免远距离的通勤行为,这与非正式员工通常得不到通勤补贴有一定关系。结果大量刚刚走出校门的年轻人,由于无法获得稳定的正式就业岗位,直接造成了向中心城市通勤的人口减少,反之大都市圈郊区内部的就业人口却在增加。总而言之,20世纪90年代以后大都市圈的通勤圈范围缩小,是多种原因叠加在一起共同作用的结果。

(谷　谦二)

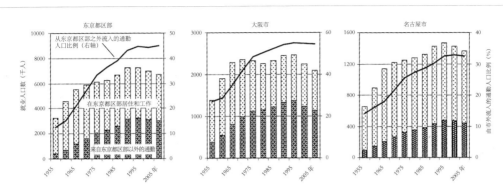

图I.4.3 三大都市圈的就业人口数和内部结构变化（以工作地点为基准）（根据国势普查结果作成）

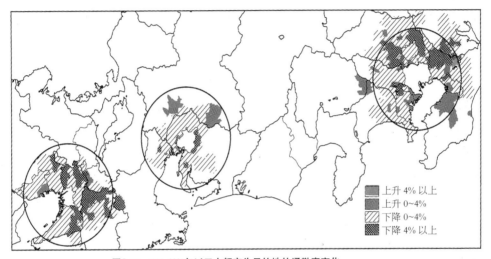

图I.4.4 1995~2005年以三大都市为目的地的通勤率变化
注）图中所示的是5%通勤圈内的区域（根据国势普查结果作成）。

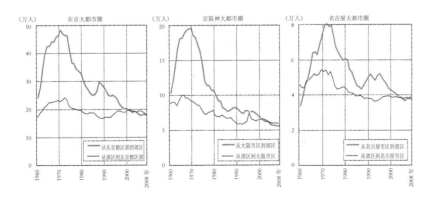

图I.4.5 中心城市~郊区之间的人口移动变化
注）东京大都市圈指埼玉县、千叶县、东京都、神奈川县。名古屋大都市圈指爱知县、岐阜县、三重县。
京阪神大都市圈指滋贺县、京都府、大阪府、兵库县、奈良县。郊区为各大都市圈中除中心城
市之外的区域范围。（根据《住民基本台帐人口移动报告年报》作成）。

I.5　三大都市圈的社会调查图

社会调查图的演进

社会调查图就是展示在什么地方居住、生活着什么样的人的地图。一般认为，世界上最早的社会调查图是芝加哥大学社会学部，于20世纪20年代绘制的芝加哥市社会调查基础图。刚刚经历过高速城市化的芝加哥市，在当时已经出现了各种各样的城市问题。在此背景下，芝加哥学派的科研团队决定通过地图的绘制，来厘清以犯罪为主的社会病理与邻里住区的居民特征之间的关系。而从人类生态学的角度对大都市内部的居住地分异现象进行研究的成果，再次证实了巴杰斯的同心圆模型和怀特的扇形模型的先导性（仓译，1986；仓译·浅川，2004）。

关于大都市内部的微观居住地域空间结构的研究，随着发达国家各国的国势普查数据的完备，率先从社区分析起步，在此之后发展为通过数量庞大的居住地域特征变量群，对决定居住地域空间结构的社会维度进行专门分析的因子生态研究。研究结果显示，在欧美的众多大都市都存在着社会经济地位、家庭地位、民族地位等三个基本的社会维度。城市地理学者着眼于这些基本社会维度的空间模型展开研究，提出了社会经济地位呈扇形、家庭地位呈同心圆形、民族地位呈树状聚类分布的有规律的空间模型。

目前，日本国势普查的网格化区域统计和微观区域数据汇总体系已经创建完毕，加之地理信息系统（GIS）的普及，让社会调查图的制作变得十分容易。在此，以日本的三大都市圈为对象，对在网格化区域统计数据的基础上绘制的社会调查图进行介绍。

三大都市圈的网格化地图绘制方法

三大都市圈的界定　在东京大都市圈、京阪神大都市圈、中京大都市圈的范围内，分别按照日本总务省的2005年度国势普查报告中的"大都市圈"设定标准，设置了覆盖全部市町村的基本网格单元（图I.5.1）。具体来说，京滨叶大都市圈（亦称东京大都市圈）的中心城市分别为埼玉市、千叶市、东京都区部、横滨市、川崎市；京阪神大都市圈的中心城市分别为京都市、大阪市、神户市；中京大都市圈的中心城市为名古屋市。如果向上述中心城市通勤·通学的15岁以上的人口数占市町村常住总人口数的比率在1.5%以上，且该市町村与中心城市相接壤，那么即属于该大都市圈的范围。另外，还有一些未能达到1.5%比率的市町村，假如其四周均被已达标的市町村完全围合，那么也会被划入该大都市圈的范围。

采用变量　以下内容是以2000、2005年度国势普查的网格化区域统计数据为依据，绘制成的三大都市圈网格化社会调查图（矢野、武田，2001）。这些社会调查图的绘制充分吸收了已有的因子生态研究等成果，该系列社会调查图的主题分别为：反映社会经济地位的管理层职员占有率、暴露家庭地位的女性劳动力占有率、体现民族地位的外国人所占比率，以及近年受到广泛社会关注的老龄人口比率（表I.5.1）。

三大都市圈的网格化社会调查图

管理层职员占有率（图I.5.2）管理层职员占有率与社会经济地位相对应，在高档居住区集中的区域相对较高。总体而言，大都市圈的中心城市高于周边地区，而在中心城市内部的

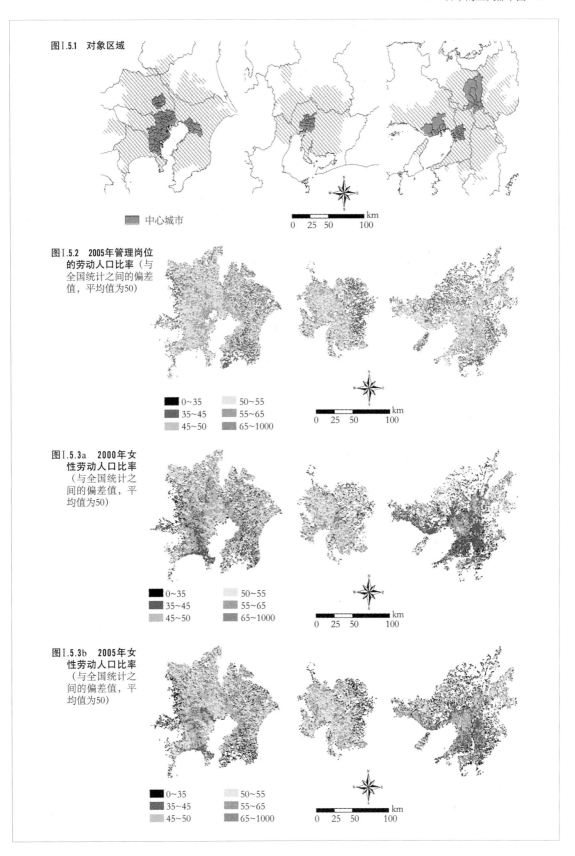

图I.5.1 对象区域

中心城市

km
0 25 50   100

图I.5.2 2005年管理岗位
的劳动人口比率（与
全国统计之间的偏差
值，平均值为50）

0~35   50~55
35~45   55~65
45~50   65~1000

km
0 25 50   100

图I.5.3a 2000年女
性劳动人口比率
（与全国统计之
间的偏差值，平
均值为50）

0~35   50~55
35~45   55~65
45~50   65~1000

km
0 25 50   100

图I.5.3b 2005年女
性劳动人口比率
（与全国统计之
间的偏差值，平
均值为50）

0~35   50~55
35~45   55~65
45~50   65~1000

km
0 25 50   100

各区域之间也存在明显的差别。在东京大都市圈，从城市中心西部的山手，到町田、川崎北部的成片区域，以及横滨、浦和、大宫、千叶县西部相对较高，而在荒川周边的城市中心东部的下町则相对较低。在名古屋大都市圈，名古屋市东部和岐阜市中心地区相对较高。在京阪神大都市圈，从大阪府北部到大阪市中心，从芦屋市到神户市东部，以及奈良县西北部的区域相对较高，而从尼崎市到大阪市西部，以及大阪市东部等工业区则相对较低。在以往的各年度，上述结果未曾发生过明显变化。

女性劳动力占有率（图 1.5.3a·b） 女性劳动力占有率与家庭地位相对应，同时也反映了城市化的程度。女性劳动力，指年龄在 15 岁以上的就业人口与完全失业人口的合计人口数，该比率也和儿童人数的多少相对应。该比率在大都市圈的中心城市的中心区较高，然后，呈同心圆状向郊区逐渐降低，而到了大都市圈的外层又升高。在大都市圈的外层区域，从事农业或家族企业的女性劳动力比例较高，相对而言，在紧邻中心城市的郊外居住区则较低。另外，在管理层职员比率高的地区，女性劳动力所占比率较低，反映了该区域的专职家庭主妇相对较多的趋势。从女性劳动力占有率的年度变化上看，在全国平均呈微减趋势中，大都市圈则显示了微增的倾向，尤其以中心城市的中心区更为明显。

外国人所占比率（图I.5.4） 从 1995 年度的国势普查开始，关于外国人的数据被以网格化区域统计和微观区域数据汇总的形式进行了公开。在三大都市圈的中心城市，外国人所占比率远超出了全国平均水平。在东京大都市圈，城市中心的涩谷、新宿、池袋、横滨市中区等繁华街区，郊区的工业区、成田市、筑波市等地区，都呈现出了高比率。在名古屋大都市圈，中心城市尚未形成外国人集聚的区域，外国人更多地分散于丰田市、四日市、可儿市等工业区。在京阪神大都市圈，大阪市生野区、神户市兵库区、长田区、京都市南区等地，以旅日韩国人、朝鲜人为主维持着高占有率。

老龄人口比率（图I.5.5a·b） 三大都市圈的老龄人口比率均低于全国平均水平，其中大都市圈的外层区域和中心城市的中心区相对较高。另外，近年老龄化社会问题日益严峻，大都市圈内各区域的老龄化率每年都在急速增长。在三大都市圈的中心城市，从东京都区部到中央线沿途区域、名古屋市中心、京都市中心，以及从大阪市中心到神户市中心的阪神地区，都呈现了相对较高的老龄化人口比率。

附记：有关国势普查的网格化区域统计，采用了立命馆大学的数据。

（矢野桂司）

表I.5.1 采用变量

变量名称	定义	年度	全国		东京大都市圈		名古屋大都市圈		京阪神大都市圈	
			平均 (%)	标准 偏差	平均 (%)	标准 偏差	平均 (%)	标准 偏差	平均 (%)	标准 偏差
管理岗位的劳动 人口比率（%）	$\dfrac{\text{管理岗位的劳动人口}}{15\,\text{岁以上人口}} \times 100$	2005	0.932	0.012	1.012	0.008	0.970	0.009	1.078	0.011
		2000	1.037	0.013	1.197	0.009	1.147	0.009	1.343	0.013
女性劳动人口 比率（%）	$\dfrac{\text{女性劳动人口}}{\text{人口总数}} \times 100$	2005	49.288	0.120	47.738	0.081	51.104	0.085	45.597	0.095
		2000	50.370	0.125	47.804	0.083	51.212	0.082	44.747	0.096
外国人比率（%）	$\dfrac{\text{外国人口}}{\text{人口总数}} \times 100$	2005	0.601	0.024	0.966	0.020	1.461	0.032	0.964	0.025
		2000	0.435	0.018	0.807	0.021	1.053	0.023	1.012	0.034
老龄人口比率（%）	$\dfrac{65\,\text{岁以上人口}}{\text{人口总数}} \times 100$	2005	29.715	0.129	21.687	0.086	21.636	0.098	24.487	0.112
		2000	27.170	0.126	18.673	0.088	18.913	0.094	21.321	0.111
	覆盖网格数	2005	142426		11510		4982		7382	
		2000	148930		11374		4967		7213	

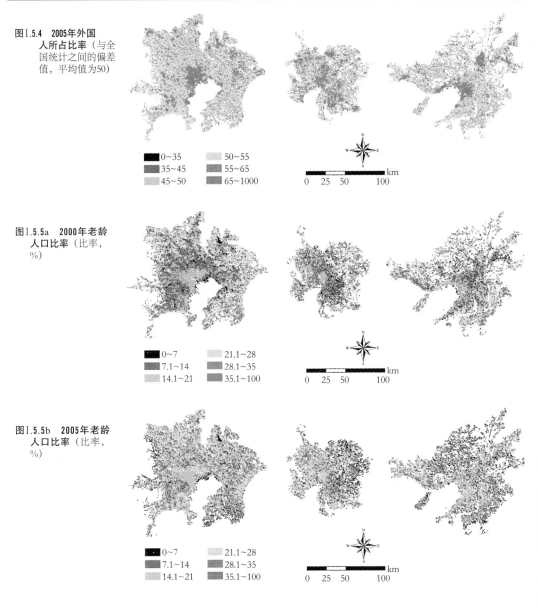

图I.5.4 2005年外国人所占比率（与全国统计之间的偏差值，平均值为50）

0～35　50～55
35～45　55～65
45～50　65～1000

km
0　25　50　100

图I.5.5a 2000年老龄人口比率（比率，%）

0～7　21.1～28
7.1～14　28.1～35
14.1～21　35.1～100

km
0　25　50　100

图I.5.5b 2005年老龄人口比率（比率，%）

0～7　21.1～28
7.1～14　28.1～35
14.1～21　35.1～100

km
0　25　50　100

I.6 分期付款的公寓式住宅供给与三大都市圈的结构演变

住宅销售广告所体现的大都市圈区域空间结构

在日本人的日常生活中，住宅开发项目和住宅价格的信息随处可见。譬如，那些登载在报纸中缝位置的住宅广告、电车车厢扶手上面的精致广告，以及来自互联网的信息等，都在期待着市民在周末前去看房。在这些信息洪流中，"便宜"或"宽敞"的房源很多，但实际上，都是一些距离城市中心较远，距离轨道交通站点较远，或者土地条件较差，以及被其他诸多不利条件所影响的住宅。

当然，十全十美的房源是稀少的，因此，购房者必须对各种条件和要求进行排序，然后在此框架下参照各种信息来搜索自己的理想住宅。此时，价格和面积必然会成为优先排序的要素，这是因为，与当前、未来的生计问题密切相关的签约价格，以及符合家庭活动尺度的建筑面积将直接左右每个购房者的家庭生活质量。上述需求，最终也会反映在分期付款的公寓式住宅或一次性付款的独立住宅的区位上面，并成为影响大都市圈结构演变的一个重要因素。然而一次性付款的独立住宅的开发规模通常较小，而且很难获取精准的相关数据，因此，本研究以目前已成为大都市圈中十分普遍的居住形式的分期付款公寓作为研究素材，使用房地产经济研究所的统计资料《全国公寓式住宅市场动向》，围绕分期付款公寓的开发区位的变化对三大都市圈进行比较分析。研究时段包括适逢泡沫经济的 1989~1991 年及最近的 2007 年、2008 年的住宅供给情况。

泡沫经济期的分期付款公寓式住宅供给及其问题

本文中的泡沫经济期系指最为严重的 1989~1991 年的时段。图 I.6.1 对这三年中售出的分期付款公寓总套数，以市町村为单位分别进行了统计，显示了该大都市圈中各市町村的分期付款公寓销售业绩的空间分布特征。但在此处需要特别留意的是，图中市町村域的面积会对上述数据产生一定影响。

在泡沫经济期，地价的异常暴涨造成住宅供给区域出现离心式的扩散，在以往主要供给独立住宅建设的区域也普遍开始了分期付款公寓式住宅项目的建设。在大都市圈的中心城市，以及地处交通便捷度较高的近郊市町村，分期付款的公寓式住宅项目的开发热度并不高，其理由是此类区域的土地价格极高，分期付款的购房者无力承担在此类地区开发的公寓式住宅价格。而与之相对的，在大都市圈的中心城市，却出现了一些开发规模小、带有投机性质的一室户公寓，或者由充当泡沫经济推手的组织及个人开发的单套价格过亿日元的超豪华公寓。与此同时，在地价相对便宜的郊区，勉强能够符合大多数购房者需求和经济承受能力的分期付款项目得以大量开发和建设。

综上所述，大量的住宅需求者不得已而为之才购买了位于郊区的分期付款公寓，也从此开始了"被通勤"之旅。这一部分购房者在泡沫经济期购买的郊区分期付款公寓并非低价，和

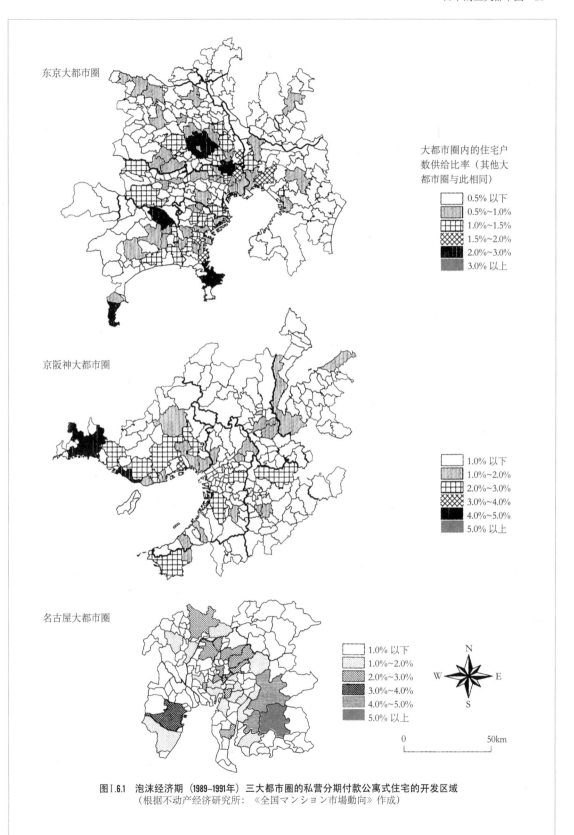

东京大都市圈

大都市圈内的住宅户
数供给比率（其他大
都市圈与此相同）

- 0.5% 以下
- 0.5%~1.0%
- 1.0%~1.5%
- 1.5%~2.0%
- 2.0%~3.0%
- 3.0% 以上

京阪神大都市圈

- 1.0% 以下
- 1.0%~2.0%
- 2.0%~3.0%
- 3.0%~4.0%
- 4.0%~5.0%
- 5.0% 以上

名古屋大都市圈

- 1.0% 以下
- 1.0%~2.0%
- 2.0%~3.0%
- 3.0%~4.0%
- 4.0%~5.0%
- 5.0% 以上

N
W E
S

0   50km

图I.6.1　泡沫经济期（1989~1991年）三大都市圈的私营分期付款公寓式住宅的开发区域
（根据不动产经济研究所：《全国マンション市場動向》作成）

21世纪的房价相比，上述同一区域、相同条件的房源通常是近年价格的1.2~1.6倍，其中甚至有超出2倍的特例，再加上①泡沫经济期的金融公库基本利息和银行的住宅贷款利息比现在的水平高出很多；②住宅自身的担保价值低下；③长期化的经济不景气中就业环境的恶化等因素影响，住宅销售与新房购买、购房贷款的借贷还款条件变更愈加困难，这一切已是不争的事实。在上述背景下中央政府开始实施了"不动产转让手续余额损失减免制度"，力图通过税额调控来减免住宅销售过程中发生的损益，该制度自1998年创建以来经过多次延期，在本书撰写的时间点，已延至2009年12月31日。

近年（2007、2008年）分期付款的公寓式住宅供给和最新动态

在本书的初版内容中，介绍了1995~1997年泡沫经济崩溃后的3年发展状况，本版则代之采用2007、2008年的最新数据进行了统计和汇总。在此处将研究时段设为2年，是笔者考虑到近期即可对2009年的数据进行汇总的原因，另外，分析方法与前文泡沫经济期同样在构成比的基础上展开，因此，对分析结果的解读并不会产生较大的影响。为了便于同初版的内容进行比较，本内容所涉的相关行政区划以及大都市圈的范围仍以1995年为准。

图I.6.2为上述内容的分析图，与图I.6.1相比较后可清楚地发现，分期付款的公寓式住宅的开发区域再度汇集到了中心城市。与本书初版的1995~1997年的分析结果相比较，现在回归中心城市的趋势，以及拥有庞大分期付款公寓供应量的具体市町村的分布特征更为清晰。前者的趋势主要源于2000年以后城市中心周边的超高层公寓式住宅集中开发，这一现象在三大都市圈尤为突出（广告词如：在城市中心居住的奢侈感受……）。后者的分布特点则与郊区轨道交通站点周围土地利用的高强度化关系密切，其中与轨道站点交通便捷的房源并不少见，而和此前新城规划建设最盛期有所不同的还有更为紧凑的小型卧城的出现，为现代大都市圈的郊区用地空间结构增添了新的元素。

未来的住宅需求与住宅供给

现在日本正处于由低生育率·老龄化时代向人口家庭数量缩减时代的转换过程中，尽管存在民主党执政带来的政策转换所引发的影响，以及国民对未来住宅需求和住宅供给上的谨慎认识，但是可以催生出新的住宅和居住文化的基本社会环境仍然存在。譬如，在抗震标准被强化之前建造的住宅建筑（包括公寓等集合住宅）的更新，在全社会的安全意识提高以后被提上日程。另外，在低生育潮中出生、长大的家庭子女在成为新的住房需求者以后，仅有集合住宅生活经历，却毫无独立住宅生活经验的人群即将涌现。尽管目前还难以预测他（她）们究竟需要什么样的住宅，但是在选房时不考虑独立式住宅，只在集合住宅中做选择的购房人群，目前在三大都市圈和其他都市圈都已经十分常见。对于那些在低生育率时代出生的人来说，"如何处理好年轻人群与长辈的关系"将成为现实问题，可以预见到未来会出现比当前的社会环境更为强烈的，子女家庭和父母分离却就近居住的需求。

住宅的区位和供给同大都市圈的结构演变密切相关，甚至可称之为大都市圈结构演变的基础。今后，作为在城市的各种经济社会活动中都占有重要地位的要素，有关住宅的研究亟待得到进一步强化和发展。

（香川贵志）

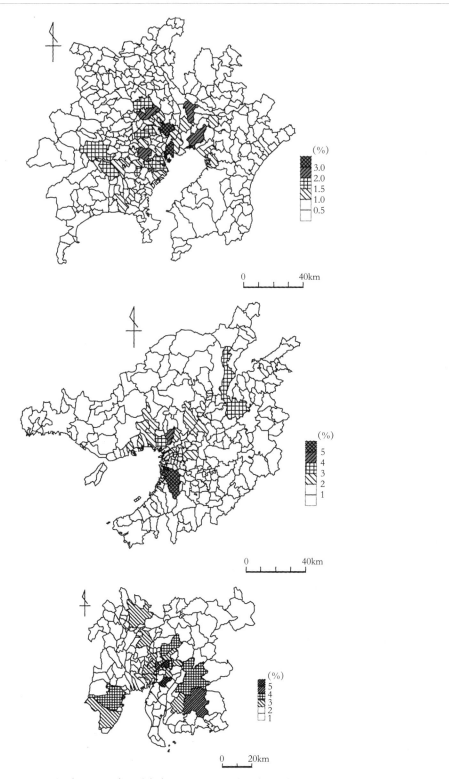

图Ⅰ.6.2 近年（2007·2008年）三大都市圈的私营分期付款公寓式住宅的开发区域
（根据不动产经济研究所：《全国マンション市場動向》作成）

I.7 三大都市圈的未来人口预测

人口减少时代的开始

日本的总人口数量在 2004 年迎来了 1 亿 2779 万人的最高峰，此后，从 2005 年转为减少。在这一背景下，有关未来人口预测的结果和今后人口减少所引发的各种问题的研究，以及相应的政策制定等，近年来被广泛关注。2005 年度国势普查的结果显示，2000~2005 已经有 32个道县的人口出现减少。根据国立社会保障·人口问题研究所（简称：社人研）在 2007 年实施的都道府县远期人口预测结果，今后人口持续减少的都道府县将继续增加，2010~2015 年将达到 42 都道府县，在 2020~2025 年将覆盖到除冲绳县以外的 46 个都道府县，2025 年以后，日本全部的都道府县的人口都将减少。

大都市圈之间的差异

表 I.7.1 是从社人研的道府县远期人口预测结果中截取的三大都市圈数据。是基于 2005 年之前历年的实际人口数预测出的 2035 年的数值，假定 2005 年的基础指数为 100，然后每隔 10年做一次统计。预测结果显示，三大都市圈的指数演变存在差异，东京大都市圈的人口减少率停留在 4.4%，名古屋大都市圈为 7.8%，京阪神大都市圈为 15.8%。在东京大都市圈，神奈川县的人口迁入活跃程度仅次于东京都，预计 30 年后将出现缓慢的人口减少。由此可推测，东京大都市圈在全国人口中所占的比率，预计会由 2005 年的 27.0% 上升到 2035 年的 29.8%。

在京阪神大都市圈中，未来奈良县的人口将明显减少。其原因是位于奈良盆地的大阪郊区市町村的老龄化今后会进一步加剧，目前该盆地周边的市町村已经出现了人口空心化倾向。现在可以预见到，即使在 2005 年以来仍然保持人口增加趋势的市町村，到 2015 年以后也将逐渐转为减少。因此，日本的大都市圈必须把人口减少这一重要特征作为各项政策制定的基础。

潜在的郊区萧条问题

对人口减少背景下的日本大都市圈来说，一个重要的问题就是在圈内可能会出现阴影状的萧条区。尤其是距离城市中心较远、交通不便的郊区市町村，作为居住区的魅力逐渐消退，人口减少的情况将会非常严峻。图 I.7.1 以社人研的 2008 年道府县远期人口预测数据为基础，假定 2005 年的基础指数为 100 时绘制出的三大都市圈，到 2035 年时的人口预测数值空间分布图。在该远期人口预测结果中，东京都区部的各区被单独统计，其他政令指定都市则被单独列出。从图中可发现，未达到 100 指数的市町村主要分布在三大都市圈的郊区，可预计其中一部分市町村的人口减少量甚至会超过 2005 年人口数的 30%。

（石川义孝）

表Ⅰ.7.1　三大都市圈的未来人口预测

区域		2005 年的人口（单位：千人）	人口指数（假定 2005 = 100）			
			2005	2015	2025	2035
全国		127768	100.0	98.2	93.3	86.6
东京大都市圈	埼玉	7054	100.0	99.7	95.7	88.7
	千叶	6056	100.0	100.5	97.1	90.8
	东京	12577	100.0	103.8	103.7	100.9
	神奈川	8792	100.0	102.6	101.2	97.0
	合计	34479	100.0	102.1	100.3	95.6
名古屋大都市圈	岐阜	2107	100.0	96.9	91.0	83.6
	爱知	7255	100.0	101.9	100.3	96.4
	三重	1867	100.0	97.7	92.4	85.7
	合计	11229	100.0	100.2	97.2	92.2
京阪神大都市圈	京都	2648	100.0	97.8	92.9	85.9
	大阪	8817	100.0	97.3	91.6	83.7
	兵库	5591	100.0	98.1	92.9	85.8
	奈良	1421	100.0	94.9	87.2	77.7
	合计	18477	100.0	97.4	91.8	84.2

（根据国立社会保障・人口问题研究所的资料作成）

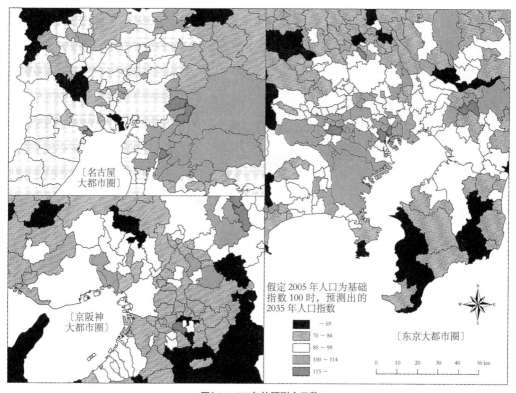

〔名古屋大都市圈〕

〔京阪神大都市圈〕

假定 2005 年人口为基础指数 100 时，预测出的 2035 年人口指数

■	～ 69
	70 ～ 84
□	85 ～ 99
	100 ～ 114
	115 ～

〔东京大都市圈〕

0　10　20　30　40　50 km

图Ⅰ.7.1　2035年的预测人口数
（根据国立社会保障・人口问题研究所的资料作成。凡例与比例尺为三大都市圈通用）

Ⅱ　东京大都市圈

东京都新宿的超高层建筑群（TY）

横滨市的山下公园和21世纪未来港（TY）

II.1　东京大都市圈的区域空间结构

东京大都市圈的城区扩张和扇状结构

日本的首都东京都区部（东京都23区）的城市起源应追溯到江户时代（1603~1867年）的初期，是以江户城为中心逐渐发展起来的。图II.1.1显示了其城区从江户时代初期到现代（1986年）的扩张过程，该图集中反映出了三个阶段性的特征：① 1914年以前城区的扩张主要是围绕东京都的城市中心呈同心圆状布局；② 1914年以后城区的扩张在西南部的神奈川县以及西部的多摩地区较为显著，北部的埼玉县或东部的千叶县则较弱，呈扇状区域空间结构布局；③ 1945~1986年的城区急速扩张，借助于日本的高速经济增长和交通条件的完善，在此期间东京大都市圈内的工厂和大企业的总部、分支机构数量激增，人口规模增长迅猛。

扇状区域空间结构的形成原因

前文③的扇状区域空间结构的形成原因可分为地形因素和交通因素。江户城位于武藏野台地的东端，观测以该地为中心的半径20km范围内的地形可以发现明显的区别，东部为冲击洼地，西部为台地（图II.1.2）。通常所说的山手和下町的区分，就是基于这一地形特征，城区的发展、土地利用与上述地形特征之间存在着密切的关系。

一般的，在地形上台地比洼地更有利于城区的形成，这主要是因为洼地主要以水田为主，如果要将该类用地上进行城市开发，则需要实施堆土作业，而水田的所有者（农民）通常也不愿意放弃土地。在交通要素上，联结日本东西部的陆上交通大动脉——新干线横穿东京都城区的南部，而东京都南部一直延伸至川崎市和横滨市的滨海地区，是京滨工业地带的核心区域。与之相对，东京都的东部在越过房总半岛后直接面向太平洋，形成了陆上交通的尽端路。因此，东京大都市圈的城区从西南部的神奈川县、西部的东京都多摩地区沿顺时针方向，经北部的埼玉县向东部的千叶县依次分布。

东京都23区的居住区域空间结构

东京都区部（23区）在地形上分为台地和洼地，地形直接影响了居住区域的扇状结构的形成，图II.1.3显示了白领阶层的居住区集中的区域，图II.1.4显示了蓝领阶层的居住区集中的区域。白领阶层主要指商务或行政办公、技术研发、管理等行业的劳动者；蓝领阶层主要指生产、运输等相关行业的劳动者。白领阶层的居住区多集中于以台地为主的区部的西部，蓝领阶层的居住区主要集中于自明治时代（1868~1911年）开始集聚起来的区部的东部、西北部、南部的工业区，扇状结构特征突出。工厂的布局受到原材料运输的便捷性等因素影响，通常选址在滨海地区或河流沿岸的洼地，而此类产业的劳动者亦多选择就近居住，遵循了职住相近的原则。与之相对，白领阶层因为拥有较高的收入，所以多集中选择在居住环境更好，地价也更高的台地居住。本书III.3的"大正时代·昭和时代的郊区住宅诞生和通勤状况"一节将对日本关西地区的上述状况进行阐述。

（富田和晓）

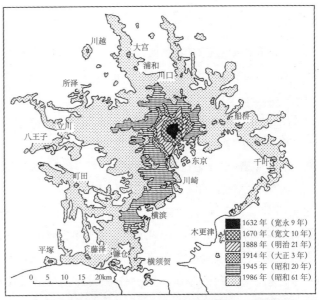

图Ⅱ.1.1　东京大都市圈的城区扩张（出
处：林，1991）

1945 年以后的扩张特征之一是，沿主要
交通线（东海道线，中央线，东北主线，
总武线等主要轨道交通线）扩张，亦被
称为海星状扩张或海星结构，该结构是
扇状结构中的一种。

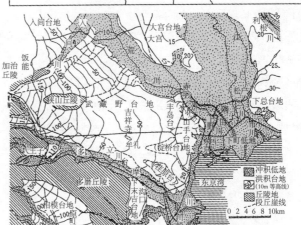

图Ⅱ.1.2　东京的地形
（出处：《千代田区史》）

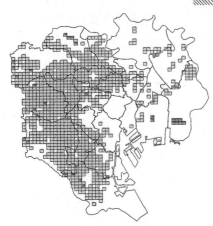

**图Ⅱ.1.3　东京都23区的白领阶层集中的居
住区（1990年）**（出处：玉野和志·浅川
达人，2009）

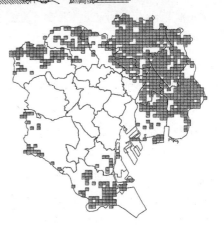

**图Ⅱ.1.4　东京都23区的蓝领阶层集中的居
住区（1990年）**（出处：玉野和志·浅川达
人，2009）

II.2　东京大都市圈的土地利用变化

土地利用是城市兴衰的检测仪，越是成长迅猛的城市土地利用的转换越活跃。一旦城市化的浪潮波及到中心城市的周边地区，山林、农田似乎在转瞬之间就会变化成为工厂、物流园区、大型居住区等设施的用地。而在城市中心地区，传统的低层木结构集合住宅和独立住宅、工厂等被逐步拆除，演变成了商业设施、商务写字楼、高层公寓式住宅等全新的空间形态。

本节使用 1974、1984 年实施的"住宅用地利用调查"（国土地理院）的数据，对东京大都市圈在此 10 年期间的土地利用变化进行了分析。在此需要特别留意的是，该时段的东京大都市圈的范围，是指在首都圈建设法的基础上划定的城区和近郊开发建设地带（1974 年）。1974年东京大都市圈的土地利用如表Ⅱ.2.1 所示，其中前 5 个农业农村性格明显的用地种类占总用地的 61.34%，到了 1984 年，上述用地所占比率降至 54.05%，低了 7.29 个百分点。与之相对，表Ⅱ.2.1 中 6~13 的八类用地都出现了较大的增长，反映出这 10 年里东京大都市圈的城市化进展十分迅速，其中普通低层住宅用地增长势头强劲，基本上都是来自对旱地、山林地、撂荒地的直接或间接的用地变更（表Ⅱ.2.2）。

如图Ⅱ.2.1 所示，这一时期东京大都市圈的土地利用变化活跃，波及范围非常之广。尤其在东京湾沿岸、多摩丘陵、横滨市南部等地区频现大规模的用地变化，譬如东京湾沿岸实施了填海造陆，多摩丘陵推进了新城开发。在千叶县和埼玉县也出现了以丘陵地为主进行居住区和高尔夫球场建设的大规模土地开发。而土地利用未发生较大变化的区域主要分布在东京大都市圈的外层区域，该区域的旱田、水田、山林地、撂荒地等用地至今仍得以保留并经营有序，证实了城市化未能波及到这一区域。另外，在城市中心西南方向的杉并区、目黑区、世田谷区等区域的土地变化较小，主要因为该区域独立式住宅分布广泛、档次较高，在宅基地私有制度的条件下不容易发生用地性质变更。

距大都市圈中心的不同距离圈层的土地利用变化

各类别土地利用的变更速度和变更的难易程度，因在东京大都市圈内所处的区位（到城市中心的距离）不同而有所区别（图Ⅱ.2.2）。在 0~10km 的圈层，像公共设施用地（第 11,12,13 类）、中高层住宅用地（第 9 类）、商业·商务办公用地（第 10 类）等高强度的城市性格鲜明的土地利用变更最为明显；而像工业用地（第 6 类）、普通低层住宅用地（第 7 类）、密集低层住宅用地（第 8 类）等较低层次的城市用地的变更几乎不存在；1~3 的三种类别的用地面积小，保留率也非常低，在 10 年间基本上都变更为中·高层住宅用地、商业·商务办公用地、公园绿地等用途。20~30km 的圈层特征主要体现为向普通低层住宅用地的变更较为活跃，大型居住区的开发较为普遍的展开，成为年轻家庭在新婚或产子后乔迁新居的主要迁入地，同时，在该区域基本上未出现 0~10km 圈层的高层次城市土地利用开发。在 40~50km 圈层，与上述靠近内部的圈层相比最大的不同点，是农业农村性格的土地利用（第 1,2,3 类）的保留率仍然较高。

（村山祐司）

表Ⅱ.2.1 东京大都市圈的土地利用类别的构成比

土地利用	1974 年	1984 年
1. 山林·荒地等	22.49%	20.53%
2. 田	14.25	12.82
3. 旱田·其他用地	16.79	15.88
4. 平整中的土地	2.23	1.00
5. 空地	5.48	3.82
6. 工业用地	3.61	3.96
7. 普通低层住宅用地	15.58	18.91
8. 高密度低层住宅用地	1.80	2.34
9. 中·高层住宅用地	1.08	1.58
10. 商业·商务用地	2.60	3.36
11. 道路用地	3.30	3.71
12. 公园·绿地等	1.97	2.46
13. 其他的公共公益设施用地	4.03	5.10
14. 河川·湖沼等	3.75	3.53
15. 其他	1.04	1.00
合计	100.00%	100.00%

（笔者根据《首都圈宅地利用動向調查》作成）

表Ⅱ.2.2 东京大都市圈的用地变化前5位
（1974~1984年）

1974 年的土地利用	1984 年的土地利用	面积（km²）
1: 空地	普通低层住宅用地	67.01
2: 旱田·其他用途	普通低层住宅用地	52.02
3: 山林·荒地等	空地	41.39
4: 山林·荒地等	平整中的土地	34.23
5: 山林·荒地等	普通低层住宅用地	28.44

（笔者根据《首都圈宅地利用動向調查》作成）

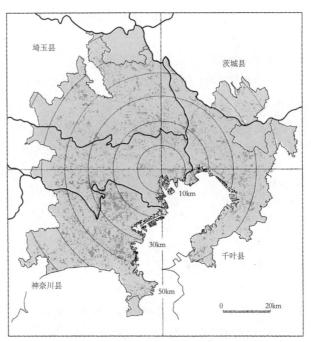

图Ⅱ.2.1 东京大都市圈的土地利用变化区域 （1974~1984年）
注）圆心为就东京都政府所在地

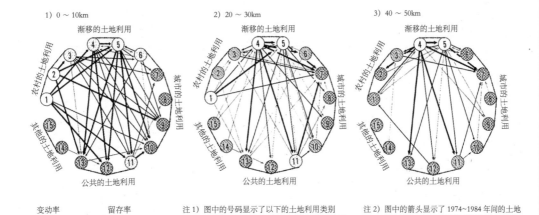

变动率
—— 0.02~0.04
—— 0.04~0.08
—— 0.08

留存率
○ 0.0~0.5
◌ 0.5~0.8
▨ 0.8~0.9
▩ 0.9~1.0

注 1) 图中的号码显示了以下的土地利用类别
1. 山林·荒地等，2. 田，3. 旱田·其他用地，4. 平整中的土地，5. 空地，6. 工业用地，7. 普通低层住宅用地，8. 高密度低层住宅用地，9. 中·高层住宅用地，10. 商业·商务用地，11. 道路用地，12. 公园·绿地等，13. 其他的公共公益设施用地，14. 河川·湖沼等，15. 其他

注 2) 图中的箭头显示了 1974~1984 年间的土地利用变化，相关的数值（变动率）表示相于 1974 年该用地面积的变化程度。圆中的凡例表示该用地类型在 10 年中（1974~1984年）所维持的比率

图Ⅱ.2.2 东京大都市圈内不同距离圈层的土地利用变化（1974~1984年） （笔者根据《首都圈宅地利用動向調查》作成）

II.3　东京大都市圈的地价分布

地价变动的推移

第二次世界大战以后，日本的地价除了第一次石油危机中的偶尔下跌，直到 20 世纪 80 年代始终保持着增长势头。地价的上涨先后经历了多个阶段，分别以不同的土地用途为中心展开。即：战后重建期的工业用途地价，从高速经济增长期到 80 年代前半期的居住用途地价，80 年中期之后的商业用途地价。另外，始于 80 年代后期的地价暴涨，促使各地区之间的差距逐渐拉大，尤其东京大都市圈的地价上涨幅度最为巨大（图II.3.1）。

以 1992 年为拐点，地价转为下跌，随后保持了一段时期的平稳。从 1998 年开始再度出现持续下跌的征兆。20 世纪 90 年代发生的地价持续期大幅下跌，与 80 年代后期的地价暴涨密切相关，其导火线就是东京大都市圈的地价变动，并预示了未来日本全国的地价走势。

地价分布的整体特征

根据 1999 年公开的地价数据作出地价线，然后绘制出东京大都市圈的地价分布图。从图II.3.2 中可以看到环绕城市中心地区的同心圆结构，东京都区部（23 区）基本上被 30 万日元 /m² 的等地价线所包围，40 万日元 /m² 的等地价线由城市中心地区向西偏移，整体上呈现西高东低的分布特点。

东京大都市圈从 20 世纪 80 年代开始出现城市功能的郊区化倾向，其中的千叶市、大宫市、横滨市等周边城市发展成为大都市圈的次级核心城市。这一趋势固然在地价分布上有所体现，但从整体而言，东京都区部的高地价仍拥有压倒性的影响力。区部的高地价，通过从城市中心地区呈放射状向郊区延伸的轨道交通线和铁路站点周围的商业区同外围区域相连接，在 80 年代末的地价暴涨期，更是以轨道交通线为轴引发了整个大都市圈外层区域的地价上涨。

近年的趋势

如前文所述，从 1998 年开始，地价再次呈现出长期下跌的征兆，本研究通过计算其前后两年，即 1997~1999 年间的地价变动率，考察了近年城市中心地区的地价变动空间特征。研究发现，在 1000 万日元 /m² 的最高地价区域和以新宿火车站为中心点的副都心，地价处于稳定或上升倾向（图II.3.3）；下跌率超过 20% 的区域，主要分布在从最高地价区域向东北方向偏移的隅田河右岸的下町地区，以及池袋火车站周围地区。地价上涨的地区和下跌的地区均为商业用途区域。其中地价上升地区的土地利用强度明显更高，地块的形状更为整齐，土地区划十分紧凑。而地价下跌地区的土地利用强度则相对较低，以小规模地区划为主，混合用途的土地利用较为普遍。

在 1998 年，东京都区部的地价在相隔 7 年后再次出现了上升的现象，然而各数据采集点之间的地价变动率却显得参差不齐。总而言之，上述城区地价变动的各种特征，充分说明了建立于各类土地生产性之上的真实的土地利用价值，必将逐步成为土地评价所应遵循的重要判断依据。

（山田浩久）

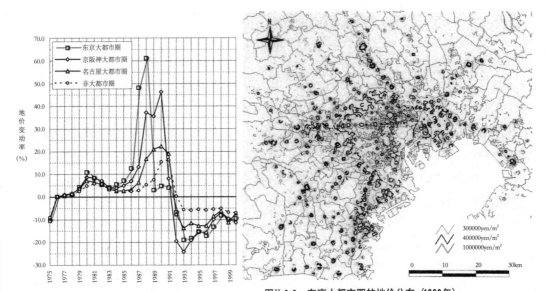

图Ⅱ.3.1　地价变动率的推移（商业地价）

图Ⅱ.3.2　东京大都市圈的地价分布（1999年）
注）地价等高线为10万~100万日元/m²，间隔为10万日元

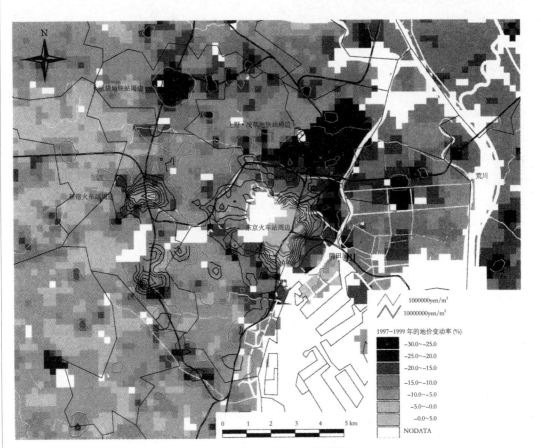

图Ⅱ.3.3　1997~1999年的东京都城市中心地区的地价变动
注）等地价线为100万~1000万日元/m²，间隔为100万日元

II.4 东京大都市圈的工业多样性

偏重于出版·印刷业的东京都区部

东京大都市圈在 2007 年的工业产品生产总值，比高速经济增长期的 1966 年有了大幅增加，且增加方式也呈现出了地区差别。即，在东京都区部、横滨市、川崎市等京滨都市圈范围内的增长幅度较小，而在东京都多摩地区、神奈川县、埼玉县、千叶县等近郊地区的增长幅度较大（表II.4.1）。这一现象意味着工业生产职能向中心城市的郊区移动。从工业类别上看，则并未出现较大的排位变化，以电气机械工业为主的机械制造、食品加工、化学工业占据了前几位。在产业门类的构成上东京都区部与其他地区略有差异。首先，当地原本就有优势的出版·印刷业的产值所占比率进一步增大，占东京都区部的工业产品生产总值的份额已接近 30%，占全国的出版·印刷工业总产值的 20.6%。可见东京都区部的市场优势对于出版·印刷业的重要性，这在轨道交通山手线环内的地区表现最为集中。另外，在城南和城东等东京都区部的其他地区，机械工业、化学工业和皮革制造业则较为集中分布。

东西两翼郊区工业布局的鲜明差异

和其他都县相比，千叶县目前的机械工业所占比率仍然很低，这在员工人数超 1000 人的企业分布格局上体现的十分明显（图II.4.1）。机械制造业的工厂多半分布在神奈川县、东京多摩地区和埼玉县，而在千叶县则基本上没有分布，千叶县的钢铁制造业和化学工业所占比率相对较高。上述工业格局的形成，主要因为京滨临海地区的原材料工业的产业扩张选择了同样临海的京叶地区（浦安～千叶～君津），而以东京都城南和城北地区为核心发展起来的机械制造工业，其产业扩张的方向是临近的神奈川县、东京都多摩地区、埼玉县。另外，在东京都城东地区重点布局的机械工业中的工业设备制造部门，以及皮革制造业等诸多门类的产业，都是导致千叶县的机械制造业比率降低的重要原因。通常，工业设备制造行业的客户都是工厂，因受市场局限较大而难以扩大生产规模，所以很难从大工厂总部集聚的东京都区部分散出去，其区域产业链条也被固定在相对较狭窄的范围（图II.4.2）。同时劳动力的供求范围也较小，具有典型的本土产业的发展特点。另外，位于在东京都西部近郊的机械制造企业以电气机械、运输机械为主，生产规模普遍较大，区域产业链条所涉及的范围也更广（图II.4.3）。

区域产业功能分区的演化

在东京大都市圈，随着以机械制造业为主的生产职能的分散化，产业功能的区域划分也日趋鲜明。在东京都区部集聚着注重各种信息交换的核心管理职能（企业总部）。而从京滨地带到东京都多摩、神奈川县的广阔区域，则分布了 R & D（研究·开发）职能以及相应的试生产功能，而量产部门就位于其外侧。包含整个东京都区部的京滨地带，其整体生产功能的规模在逐渐缩小，但是技术的高精尖化在提高。在京滨地带，中小型下游企业的数量迅速减少，能够生存下来的企业均实现了技术水平的升级。近年，在埼玉县和千叶县，以 R & D 职能及相应的试生产职能为中心的产业布局也取得了长足发展。

（青木英一）

表Ⅱ.4.1　东京大都市圈的产业门类构成变化

区域	年度	产值等	1位	2位	3位	4位	5位
东京都区部	1966	40332	印刷 14.5	电机 10.7	一般 9.9	化学 8.5	食品 8.5
	2007	48441	印刷 29.7	一般 11.1	金属 7.0	食品 6.9	电机 6.5
东京都多摩	1966	6646	电机 27.3	运机 19.7	食品 10.3	一般 8.2	橡胶 6.8
	2007	57941	电机 38.9	运机 24.4	食品 7.1	一般 6.3	精机 5.9
横滨市	1966	11086	运机 20.8	食品 14.3	电机 13.6	化学 9.0	一般 8.5
	2007	39974	电机 20.4	一般 18.0	食品 13.1	运机 12.8	金属 5.5
川崎市	1966	12095	电机 21.1	钢铁 15.7	石油 12.7	化学 11.2	食品 10.4
	2007	49350	石油 31.9	化学 20.3	钢铁 13.9	运机 11.5	电机 6.3
神奈川县其他地区	1966	11028	运机 38.4	电机 12.0	化学 11.4	食品 7.4	一般 7.3
	2007	112687	运机 29.4	一般 16.6	电机 14.2	化学 9.7	食品 4.9
埼玉县	1966	11939	运机 13.0	食品 10.8	电机 9.3	一般 8.0	化学 7.6
	2007	149476	运机 18.2	电机 14.8	化学 10.2	一般 10.0	食品 9.7
千叶县	1966	8807	钢铁 25.3	食品 16.9	石油 11.8	化学 8.2	金属 6.1
	2007	143184	化学 21.3	石油 21.3	钢铁 13.1	电机 9.3	食品 8.7

根据《工业统计表》（市区町村编纂）的数据作成

产值等为企业生产的产品的产值（单位为日元）。产业门类结构的单位为‰。产业门类中的印刷为初版·印刷，电机为电气机械，一般为一般机械，运机为运输机械，精机为精密机械，石油为石油产品·煤炭产品，金属为金属制品的各生产部门。在 1966 年的食品产业门类中含饮料制品。在 2007 年的电机产业门类中含通信·通信器材、电子元器件以及电脑硬件产品的制造部门。

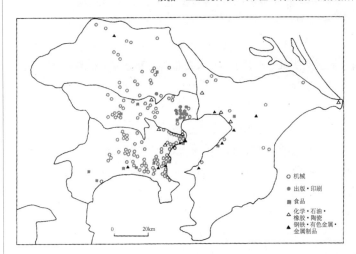

图Ⅱ.4.1　员工人数在1000人以上的工厂的分布现状（1994年）（根据《全国工场通览》的数据作成）

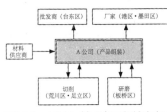

图Ⅱ.4.2　A公司（食品加工机械生产厂家，荒川区）的产业链（出处：青木，1997）
注）箭头表示材料·零部件·产品的流程。

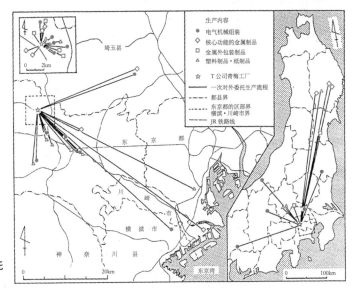

图Ⅱ.4.3　T公司青梅分厂的一次对外委托生产流程（出处：鹿岛，1995）

II.5　东京大都市圈的商务写字楼布局

大都市圈的商务写字楼布局理论及集聚特征

商务写字楼主要指处理企业经营相关信息和事务的设施。基于这一特征，商务写字楼的选址具有明显的城市中心向心性。人们为了实现信息搜集和传递的快捷性，尤其是对那些内容关键、时间紧迫的企业经营信息，经常通过面对面的接触来传递，因此，交通条件最为便捷的城市中心地区成了商务写字楼的不二之选。除此之外，大企业的总部为了能够最大化地获得更多的客户、来自其他公司的服务、以及与相关政府职能部门的接近度等集聚效益，即便必须承受高昂的地价，也仍然会陆续地向城市中心聚集，最终形成 CBD（中央商务区）。

在东京大都市圈，聚集了全国 30% 以上的商务办公从业者（图 II.5.1），其中大约 30% 更是聚集在东京都的城市中心地区。从业务内容上看，批发·零售业、信息产业、金融保险业、制造业以及向这些总部经济提供服务的商务办公服务业占据了核心地位（表 II.5.1）。东京都城市中心地区的很多公司的管理部门拥有中枢管理职能，覆盖全日本的商务活动。另外，日本最具实力的外资企业中有 60% 的公司总部也集聚在上述地区，这一倾向最为明显的是金融机构。拥有广泛商务影响力的高层次中枢管理职能的集聚，引领了东京大都市圈的商务写字楼的集聚，进一步促进了经济的高端化、国际化的进程。

商务写字楼的分散布局

商务写字楼的不断集聚导致地价高涨，为东京都城市中心的区位条件带来了不经济的负面效应，以至于一部分企业的商务办公部门开始考虑迁离城市中心。以此为契机，根据业务分工的不同，商务写字楼的布局得以进一步细分。营业部门和外资企业的海外总部等要求面对面接触的重要机构（亦称：前台商务办公）保留在城市中心地区，信息处理和总务后勤等从事日常规律性业务的部门则搬迁到地价相对较低的地点。另外，信息通信工具的发达，减少了大量面对面的商务活动，这也促进了商务写字楼布局的分散化进程。

东京大都市圈在第三次首都圈建设规划中，拟实现由所有职能集于一身的"单极集聚型"向"多极分散型"的区域空间结构转换，相继开始了"21 世纪未来港"（横滨市西区）、"幕张新都心"（千叶市美滨区）、"埼玉新都心"（埼玉市中央区）等大规模的城市开发项目。近年，从上述城市的商务办公业务的集聚态势可以看出，企业的日常事务管理职能部门正在向新城市开发区逐渐集聚，其中包括大企业的分公司以及来自东京都城市中心地区的公司（表 II.5.2）。

城市中心的更新与商务写字楼的布局

从东京都区部的商务写字楼数量的增长来看，在 1977~1987 年增长迅猛的城市中心 3 区，在横跨泡沫经济期的 1987~1997 年，出现了更加疯狂的涨势，并且波及到了其他周边地区（图 II.5.2）。1997 年以后，在大手町·丸之内和汐留、品川、六本木等"城市更新紧急建设区域"推进的大规模商务写字楼建设，再次吸引商务人群开始集聚。

尽管郊区化的进程仍在继续，但是随着东京都城市中心更新项目的展开和地价的回落，从周边地区向城市中心地区迁移的企业也时有出现，东京大都市圈的商务写字楼布局态势变得十分复杂。另外，在信息通信的技术升级和使用费用大幅降低，以及白领人员工作方式变革的背景下，像 SOHO（Small office & Home office）这样多样化的商务办公形式得到了快速发展。

（坪本裕之）

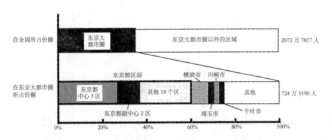

图II.5.1 商务办公从业人员的区域分布比例（2006年，根据公司管理部门·企业统计调查报告作成）

注）图中的东京大都市圈包括东京都·神奈川县·千叶县·埼玉县。东京都中心3区指千代田区、中央区、港区，东京都副中心2区指新宿·涩谷区。

表II.5.1 不同产业的商务办公从业人口数（2006年）（根据公司管理部门·企业统计调查报告作成）

	东京大都市圈	构成比(%)	东京23区	构成比(%)	东京都中心3区	构成比(%)
企业总数	7023573	100.0	4373592	100.0	1983900	100.0
服务业	1842505	26.2	1117948	25.6	545905	27.5
公司运营管理服务业	1433063	20.4	915134	20.9	474099	23.9
批发·零售业	1328211	18.9	870122	19.9	411219	20.7
信息·通讯业	869892	12.4	688787	15.7	349086	17.6
制造业	714830	10.2	432512	9.9	186275	9.4
金融·保险业	504194	7.2	320694	7.3	195967	9.9

注1）产业分类以产业大类为依据（除公司运营管理服务业以外）。

注2）公司运营管理服务业指以产业中类为依据，在服务业内划分出的专项服务业、器材租赁业、广告业等。

表II.5.2 商务办公从业者的分布指数（根据国势普查报告作成）

商务办公行业	2005 年			1985 ～ 2005 年的变化		
	专项的·技术的	管理的	公司管理部门	专项的·技术的	管理的	公司管理部门
东京都区部(23区)	1.086	1.338	1.260	0.248	0.462	0.271
东京都中心3区	1.100	1.623	1.677	0.435	0.620	0.602
横滨市	1.086	0.883	0.931	0.064	0.007	0.012
横滨市西区	0.846	0.879	1.190	−0.117	−0.133	0.110
千叶市	0.971	0.874	1.037	−0.043	0.096	0.091
千叶市美滨区	1.264	0.754	1.297	—	—	—
埼玉市	0.850	0.842	1.020	−0.038	0.014	0.060
埼玉市中央区	0.847	0.810	1.571	−0.063	−0.146	0.625

注1）分布指数＝（本地区的各行业从业人口数÷本地区的商务办公从业人口数）÷（东京大都市圈的各行业从业人口数÷东京大都市圈的商务办公从业人口数）

注2）由于专项的·技术性的行业从业人口中包含了医疗机构的从业者等，管理行业从业人口中包含了公务员等，因此并未严谨地反映出私营企业的商务办公行业的区域分布动向。

注3）在1985年的数据中，埼玉市的数据是由（原）浦和市、（原）大宫市、（原）与野市、（原）越谷市相加的结果，中央区即（原）与野市。千叶市美滨区的数据未计入。

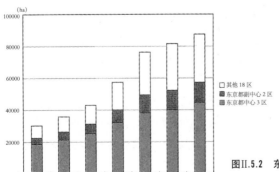

图II.5.2 东京都区部中不同区位的商务写字楼的建筑面积变化（根据东京都固定资产税纳税资料作成）

II.6   东京大都市圈的零售业·百货店的空间布局

零售业·百货店的空间布局

从高速经济增长期开始，在日本的大都市圈的中心城市与周边地区之间，人口、零售业等的差距逐渐缩小（森川，1995；富田，1995）。零售业中，营业面积大、商品种类多的百货业店铺数量，在 1974 年《大型零售业店铺法》施行后仍在增加，其布局基本上集中在主要城市的周边地区展开（奥野等，1999）。百货店的迅速发展，首先迎合了人口郊区化所引发的购买需求增长，也反映了经济环境景气背景下个人购买力的高涨。此处需强调的是，本文所提到的百货店包括标准产业分类的小分类"百货商店·大型超市"，即在传统的百货商店的基础上增加了大型超市的内容。近年，受经济不景气和以低价格商品为主要营业内容的大型超市扩张的影响，百货商店采取了一系列的战略措施，譬如通过联营来提高效率，或者调动经营资源向优良区位集聚以实现集约化等手段，这种变化在和大型超市的经营模式较为接近的中心城市周边地区的百货商店，表现得最为明显（岩间，2001，2004）。

采用商务运营管理公司的统计数据，通过从业人口分布（图II.6.1，图II.6.2）以及增减率（图II.6.3）的分析，可从总体上俯瞰东京大都市圈的零售业和百货店状况。分析结果显示，大都市圈中心部的零售业从业人口最集中，在中心城市外围东部地区的增长相对显著。由于在所有零售行业中百货店的布局最偏重于核心城市，因此，百货店从业者增减率在中心城市周边地区之间所显示出的差距更大。

零售业·百货店在各圈层的布局变化

通过分析常住人口数、零售业从业人口数、百货商店从业人口数的构成比（图II.6.4），以及人口专门化指数（图II.6.5），有助于厘清环东京大都市圈中心（东京都政府所在地——新宿区）的不同圈层的零售业·百货店布局特征。上述分析的结果显示，各类数据均呈现出趋同的变化特征，即大都市圈的中心地区下降，周边地区上升，从而使曲线图整体看起来十分平坦自然。这说明各圈层之间的人口、零售业的差距在逐渐缩小。这一现象与中心城市向周边地区的人口分散进程保持一致，反映出零售业集聚范围的扩大。

百货店从业人口指数的变化，首先反映出 20 世纪 80 年代以前的 10~20km 圈层试图避免与中心城区发生竞争，导致百货店的发展较其他圈层迟缓，而此后随着针对大型百货店营业限制政策的缓和，百货店的布局在上述区域进展较快，从 90 年代开始指数迅速上升。在20~40km 圈层，主要城市的百货业店铺数量持续增长，其指数在 80 年代以后超过了 1.0，成为该圈层中新的核心零售业布局增长点。总而言之，百货店大多集中在主要城市，其布局须以一定的人口规模为基础，百货业新店铺的布局往往无法与时俱进地同人口郊区化保持同步，因此，在各圈层之间，百货店的指数差要大于其他零售业的指数差（桥本，2001）。

今后，关于大都市圈的零售业研究，除了针对中心城区与周边地区的区域差异进行分析，还有必要对百货商店和大型超市等多种经营模式、业态的发展趋势进行一一对比，开展综合的空间结构分析。届时，大规模店铺布局法、中心城区振兴法等政策制度以及经济大环境的变化，都将成为论证影响零售业·百货店空间分布结构变化的重要因素。

（桥本雄一）

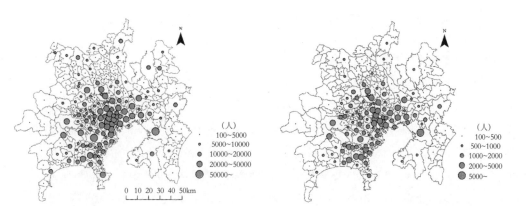

图Ⅱ.6.1　零售业从业人口的分布（2006年）

图Ⅱ.6.2　百货店从业人口的分布（2006年）

注）根据商务运营管理公司的数据作成。东京大都市圈的范围即
2000 年国势普查的"京滨大都市圈"。大都市圈内各行政单
位的划分兼顾了此前的行政区划合并等因素，图Ⅱ.6.2～Ⅱ.6.5
同上。

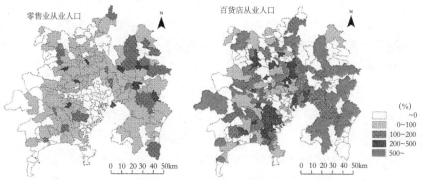

图Ⅱ.6.3　零售业和百货店从业人口的增减率（1975～2006年）

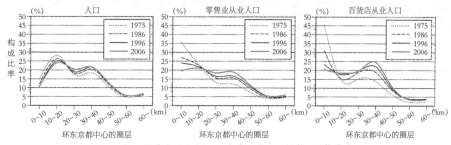

图Ⅱ.6.4　人口·零售业从业人口·百货店从业人口的各圈层构成比

注）人口数据来自居民基本台账。中心为东京都政府所在地（新宿区）。图Ⅱ.6.5同上。

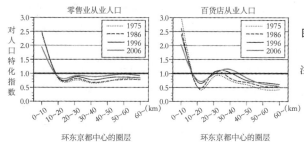

图Ⅱ.6.5　各圈层的零售业、
百货店从业人口的人口专
门化指数
注）圈层 i 范围内从业人口的
人口专门化指数 =（圈层
i 的从业人口数 ÷ 东京大
都市圈的总从业人口数）
÷（圈层 i 的人口数 ÷
东京大都市圈总人口数）。

II.7 东京大都市圈的郊区生活空间

郊区居民的独立性及中心城市依赖性

根据 1995 年的国势普查结果，生活在东京大都市圈（由东京都、埼玉县、千叶县、神奈川县等 1 都 3 县构成，国势普查仅将东京都的区部定义为中心城市，其余地区为郊区）郊区的就业人口总数达到 1200 万人，其中的 25% 约 300 万人的工作岗位在中心城市。这就意味着郊区常住就业人口中，大约有 900 万人的工作岗位就是位于郊区，如计入劳动者的配偶的话，则意味着 2400 万人口中的 80%~90% 几乎每天的生活生产活动都和中心城市没什么瓜葛。由此可知，尽管从区位上看，大都市圈内的郊区与中心城市之间存在着密切的社会经济联系，但在日常生活中能够完全符合这种关系的人口数，实际上很有限。

生活空间的多层结构

如果我们将通勤、购物和休闲娱乐等所有的外出活动的目的地都落实在地图上，可以发现在大都市圈的郊区大体上存在着三个圈层（图II.7.1）。即，可以满足日常购物、邻里社区交往等基本生活需求的第 1 带；提供日常休闲娱乐、选择性较强的购物需求，或者在本地从事生产活动的第 2 带；出行活动需要花费 1 整天时间的出行圈——第 3 带。依据上述多层结构，除了大都市圈郊区的工作日丈夫（在工作日需要从郊区到中心城市通勤的男性），本地居民基本外出活动的大约 50% 能够在第 1 圈层范围内得到满足（图II.7.2）。若再将第 2 圈层计入，则外出活动的内部解决程度可达到 80% 左右。这样由近、中、远三个圈层所构成的圈层结构，无论对大都市还是地方城市来说都是稳定的。尤其是将中圈层的最大宽度控制在 10km 以内，私家车的便捷性在该圈层更能得到合理发挥，也符合郊区主要道路网的沿路商业服务业设施的布局，以及大都市圈的多核心化、郊区独立化进程。然而，在上述各圈层中，仅有居住在郊区的通勤人口的大部分日常出行活动发生在第 3 圈，是极为特殊的现象。

城市中心通勤人口的社会关系

将城市中心（第 3 带）通勤人口和本地（第 2 带）通勤人口的 1 日行动轨迹落在时间轴上，可考察人们在工作结束后的 2 小时中可能实施的活动（图II.7.3）。图中的斜线所示范围为上述活动可能实施的潜在时空间（在此称为棱形）。假如我们把具体时间段设定在 19∶00 ～ 21∶00，那么图中形成的灰色部分即为潜在时空间棱形。城市中心通勤者的潜在时空间棱形分布在工作单位与居住地之间，而本地通勤者的潜在时空间棱形则主要分布于居住地两侧。即，本地通勤者在下班回到家以后还可以再次外出，平时在结束工作后也能够利用夜晚的时间同邻里、社会维持紧密的关系；与之相反，城市中心通勤者一旦下班回到家后基本上已不可能再外出，因此，与邻里社会之间的关系也日渐淡漠。另外，让人无法避免的长距离回家路途，同时又催生出职场同僚结伴回家的活动，由此，城市中心通勤者在牺牲了邻里社会交往以后，不得不将人际交往的重心落在以职场为中心的公司社交圈中。

（川口太郎）

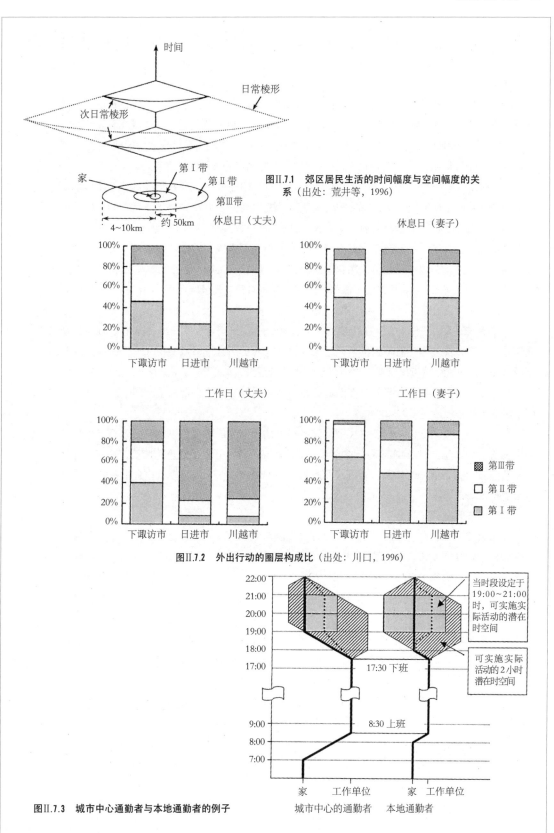

图II.7.1 郊区居民生活的时间幅度与空间幅度的关系（出处：荒井等，1996）

休息日（丈夫）　　　　　　　　　休息日（妻子）

工作日（丈夫）　　　　　　　　　工作日（妻子）

第Ⅲ带
第Ⅱ带
第Ⅰ带

图II.7.2 外出行动的圈层构成比（出处：川口，1996）

当时段设定于19:00～21:00时，可实施实际活动的潜在时空间

可实施实际活动的2小时潜在时空间

17:30 下班

8:30 上班

家　工作单位　　家　工作单位
城市中心的通勤者　本地通勤者

图II.7.3 城市中心通勤者与本地通勤者的例子

II.8 东京大都市圈中周边城市的功能与规划建设

首都圈建设基本规划

第二次世界大战结束后，历经高速经济增长期，在以东京都城市中心为核心的东京大都市圈，人口及其他各种城市功能的集聚迅猛发展。20 世纪 80 年代的世界城市以及国际金融城市的创建，进一步推动了上述发展趋势。以东京都城市中心为中心的单极集中型区域空间结构，引发了通勤行动混杂、通勤时间漫长、住宅问题、交通拥堵等大量的城市问题。

为了解决这些问题，日本政府于 1956 年制定了首都圈建设法，从 1958 年的第 1 次首都圈总体规划开始，每相隔 10 年左右编制新一轮首都圈总体规划。1976 年的第 3 次首都圈总体规划强调了调整区域空间的单极发展模式，大力推进下位核心城市的发展。1986 年的第 4 次首都圈总体规划，提出了以新产业节点城市为中心的独立都市圈，以及多核心多圈层模式的区域空间结构的建构。1999 年的第 5 次首都圈总体规划的核心目标，是在郊区形成新产业节点城市等广域联络据点，努力构建便于加强节点之间联系的分散式区域空间网络结构（图 II.8.1）。

郊区空间节点的形成

随着郊区的人口规模扩大，在距东京都中心 40km 圈层的千叶、埼玉、八王子等城市，企业经营、生产、文教等功能不断集聚，逐渐发展成为各自的区域节点城市。结合这些郊区节点城市发达的企业经营管理功能，"21 世纪未来港"、"幕张新都心"、"埼玉新都心"等产业新城，大量引进了具有总部功能或研发功能的商务写字楼、展馆等设施，形成了不同于以往郊区空间节点的新都心地区（图 II.8.2）。

从另外一个视角看，立足于解决因泡沫经济崩溃而产生的不良债权问题的《都市再生特别措施法（2002 年）》开始实施后，东京都区部的超高层建筑开发得以迅速增长，致使一部分产业节点城市的企业经营管理功能再次回归到东京都城市中心，商务办公产业向新产业节点城市的扩张基本停滞。

学园城市的发展与变化

在东京都近郊的国立市和八王子市分布着为数众多的大学及其他文教设施，是众所周知的学园城市。八王子市自 1963 年的工学院大学进驻以后，到 2009 年已拥有 23 所大学或短期大学（学生总人数约 11 万人）（图 II.8.3），学生人口总数占八王子市昼间人口总数的比例约为20%。另外，以"疏解东京都的过密空间"、"振兴科技、发展高等教育"为目标建设的筑波学园城市，以 1973 年创建的筑波大学为代表，集聚了约 300 所科研教育机构和科技研发型企业，大约有 1 万 3000 名科研工作者在此工作。另外，一些原本已经分散至郊区的私立大学，其位于远郊的校区又开始向城市中心回归，究其原因大致可归结为三点：①位于公共交通条件不便捷地区，致使新生人数严重减少；②在大城市严格限制新建工厂、大学布局的《工厂等限制法》于 2002 年废止；③产业空洞化所引发的城市空闲用地的增加。在上述背景下，东京大都市圈内原本如同章鱼触角一样四面八方伸展的文教设施出现了逐步整合的倾向。

高速经济增长期以后，此前一直保持稳步成长的东京大都市圈内的周边城市，近年由于上述城市中心的回归趋势，造成了当地城市功能的流失，本地居住人口由增转减的行政区在不断增多。

（山下博树）

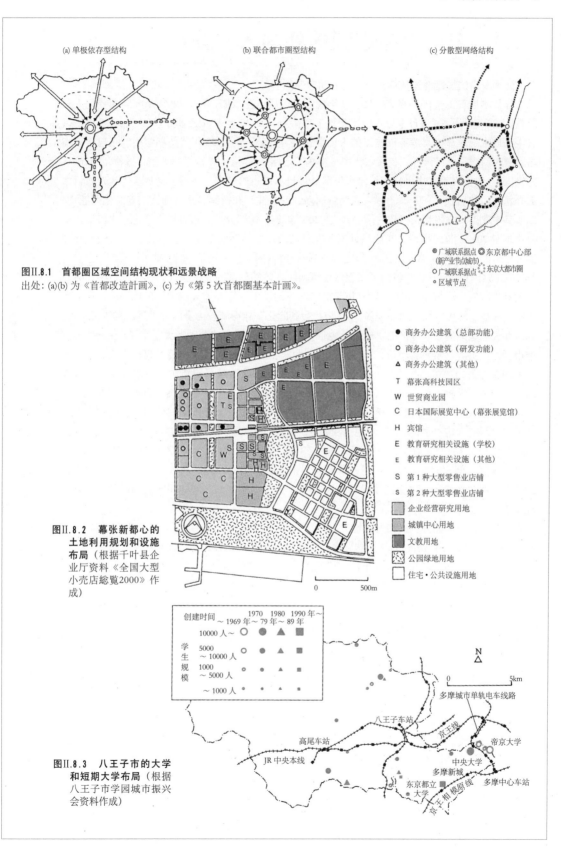

图II.8.1 首都圈区域空间结构现状和远景战略
出处：(a)(b) 为《首都改造计画》，(c) 为《第 5 次首都圈基本计画》。

图II.8.2 幕张新都心的土地利用规划和设施布局（根据千叶县企业厅资料《全国大型小壳店総覧2000》作成）

图II.8.3 八王子市的大学和短期大学布局（根据八王子市学园城市振兴会资料作成）

II.9　东京大都市圈的外国人口分布

外国人口的快速增长及其居住空间的动态变化

在日本居住的外国人自 20 世纪 80 年代中期以后迅速增加，到 2008 年末外国人登记人口总数达到 221.7 万人（占日本总人口比例为 1.74%）。与 1998 年末相比增加了 1.5 倍，约 70 万人，其中来自中国、菲律宾等亚洲国家的人口增长最为显著。而在 90 年代前期激增的来自南美洲国家的人口增长已经停顿，其所占比率在 1997 年达到高峰值后开始逐年减少。另外，"旧旅日外籍人"（专指在第二次世界大战结束以前从被日本侵占的朝鲜、我国台湾地区等地迁入日本的外籍人口的后代，在人数上以来自朝鲜居多，译者注）在持续减少（随人口老龄化而死亡，以及其中取得日本国籍人口数的增加），在 2007 年末，这部分人口占外国人登记总人口的比率首次低于 20%。与之相对，新旅日外国人在目前的日本社会结构中，属于定居愿望较为强烈的外籍居民，到 2008 年末已获得"永久居留权"资格的人口超过了 49 万人。

在 80 年代中期以前，包括"旧旅日外籍人"在内的外国人大多集聚在三大都市圈，尤其以大都市圈的中心城市为主。从 90 年代前半期开始，新旅日外国人口数量迅速增加，在大都市圈以外地区的外国人也明显增多，"区域社会国际化"取得了较为全面的进展。具体表现为，在从北关东地区到东海地区的机械工业地带，来自南美洲国家的劳动者大量集聚；在一些地方城市，留学生的数量显著增长；在日本东北地区的偏远农山村，通过国际婚姻前来定居的亚洲国家的女性人口数量明显增加。总体而言，东京大都市圈依然是对新旅日外国人吸引力最大的地区。在京阪神大都市圈以旅日朝鲜人·旅日韩国人为主体的外国人口占日本全国的比率正在迅速缩小（从 1986 年末的 40% 到 2008 年的 17%）。而东京大都市圈的外国人口增加率则持续超出全国的平均水平，如果算进包括茨城县，那么 1 都 4 县的外国人口将达到 86 万余人（占 1 都 4 县人口总数的 2.26%），在全国外国人口中所占比率约为 38.9%。从 80 年代中期到 21 世纪初，东京大都市圈的外国人口分布具有明显的区域偏向性，即区部的外国人口所占比重持续降低，周边地区所占比重持续增加。从 2004 年开始，东京都区部的外国人口比率开始出现逐年上升的趋势。

东京大都市圈的外国人口居住地分布

20 世纪 90 年代以后，外国人居住率较高的区域已不仅仅分布在东京都区部、川崎市、横滨市，还包括了中心城市的周边地区（南美人口比率高的机械工业地带等）。外国人口的居住率呈全面上升（2008 年末东京大都市圈的平均水平为 2.33%），在横滨市中区、东京都新宿区·港区等城市中心区更是超过了 10%（图Ⅱ.9.1）。从专门化指数（LQ）的总体分布倾向来看，变化并不明显，90 年代中期以后仅在局部地区出现了一些新的动态特征，主要指由东京都区部向周边的中心城市（特别是埼玉县、千叶县方向）迁出的趋势，这一趋势的主体是中国人，表现为江东区和江户川区等区部的东部地区增加明显，尤以川口市最为典型，而总体上增加率高出平均水平的地区大多集中在紧邻区部的地带（图Ⅱ.9.2）。和中国人的区域居住分布特点相比，新旅日韩国人则呈现出了相反的趋势，即向东京大都市圈的区部（特别是新宿区、荒川区）集聚的倾向更为显著。

居住在东京大都市圈的 30km 圈层内的外国人，因国籍不同而存在非常鲜明的区域空间分异特征（图Ⅱ.9.3）。美国人居住在港区的比率最高（LQ 超过 20），同时也表现出山手和下町的明显差异；中国人和韩国人·朝鲜人在东京都区部（尤其是轨道交通山手线北部）、川崎市、横滨市中心部等中心城区的居住率更高，如需列出 LQ 最高的地区，那么中国人为横滨市中区；韩国人·朝鲜人则为新宿区；菲律宾人的居住区域分布较为平均。

（千叶立也）

图Ⅱ.9.1　基于专门化指数的东京大都市圈（加入茨城
　　　　　县）外国人居住分布特征（2008年末）
资料）根据各都县公开的市区町村外国人登记人口总数
　　　（2008年末），以及预测人口数据（2009年初）作
　　　成。其中一部分未登记外国人口数据来自《平成21
　　　年版在留外国人统计》（日本入境管理协会）。

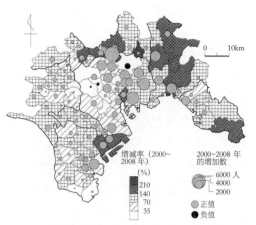

图Ⅱ.9.2　东京大都市圈中心部各市区町村的中国籍常住
　　　　　人口数的增减变化（2000~2008年）
资料）根据各年版的常住外国人口统计结果作成。

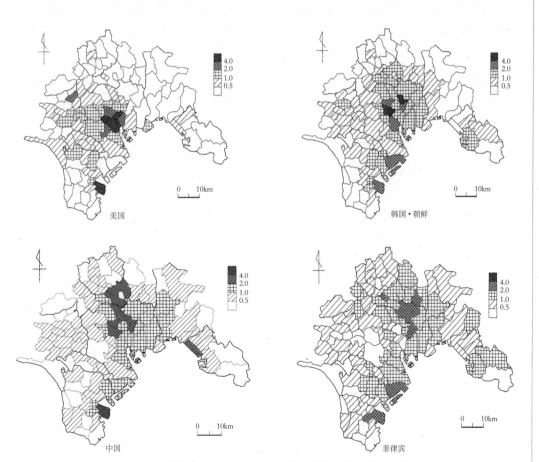

图Ⅱ.9.3　基于专门化指数的东京大都市圈中心部不同国籍的外国人居住分布特征（2008年末）
资料）同图Ⅱ.9.2。

II.10　东京湾沿岸区域的变貌

从生产·港口职能向经营管理职能的转变

第二次世界大战结束后，东京湾沿岸区域曾高度地集中了钢铁制造业、造船业、机械工业等重厚长大产业，形成了引领全日本经济高速增长的国内最大的工业地带——京滨·京叶工业地带。然而在 1985 年的广场协议后，随着国际分工体系的确立，日本国内的企业为了寻求便宜的劳动力和更大规模的工厂企业用地，开始相继向以韩国、中国为主的亚洲国家转移生产职能部门。在上述背景下，东京湾沿岸区域已不再拘泥于生产和港口功能，而是利用和东京都城市中心之间高度便捷的交通联系优势，致力于发挥新的功能和作用（图 II.10.1）。

对于工厂搬迁旧址、填海造陆的土地利用，首先引起广泛注意的开发动态是商务写字楼的建设，拟将高度集聚在东京都城市中心地区的企业经营职能分散出来。从 20 世纪 80 年代后期开始，如临海副都心、幕张副都心、横滨 21 世纪未来港等，在中心城市周边地区和郊区形成了若干商务管理核心区，2000 年以后又相继开工建设了晴海岛托里顿广场、汐留 SIO-SITE 和天王洲岛等大规模的高层商务办公建筑群。但事实也并不容乐观，这些新兴的企业经营管理设施尚未能如期成功地吸引大量公司入驻，至今仍有一部分商务写字楼的空置率较高，另外，有已通过规划审批的商务写字楼未能按期建设，导致建设用地空置（图 II.10.2）。

混合开发与"城市观光"

近年，为了避免局限于单一的企业经营管理职能，综合了商业、休闲度假、居住等诸多职能，以"职·住·游"一体化开发为特征的混合开发模式日益受到关注。譬如，临海副都心（台场）对开发建设总体规划进行了修编，将原有企业经营管理中心的单一职能升级为重视商业、休闲度假、居住等职能的综合开发项目（表 II.10.1）。自 1999 年五彩城建成开业以后，临海副都心的来访人数持续攀升，在 2008 年达到 4760 万人，相当于东京迪士尼乐园的两倍（图 II.10.3）。除此之外，另有如 2006 年在大型商业设施 Lalaport 丰洲购物中心开业的儿童职场体验城"KidZania"等，商业与休闲度假功能一体化设施的布局得到了较快地发展。与此同时，为了迎合人口的东京都城市中心回归的需求，在上述游客集散地的周边地区，塔式超高层公寓式住宅的开发建设势头正旺，位于中央区大川端地区的 21 世纪水城（参照本书 11 页的照片）就是其中的先驱者，与洋溢着下町（平民街区）氛围的周边环境形成强烈反差，令人印象深刻。综上所述，东京湾沿岸区域的开发重点正在从以往单一的生产、港口职能逐渐脱离，转而稳步地开发以轻松休闲度假、购物为主题的"都市观光"职能。

（佐藤英人）

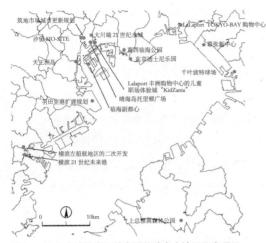

图Ⅱ.10.1 东京湾沿岸区域主要的城市土地再开发项目

表Ⅱ.10.1 临海副都心开发规划的内容演变

	临海副都心开发项目规划	临海副都心城市发展规划
编制时间	1989 年	1997 年
主要开发目标	以推动多核心城市结构转型为目标的副都心建设	生活质量的提高·与自然的共生
面积	448ha	442ha
就业人口	11.0 万人	7.0 万人
常住人口	6.0 万人	4.2 万人

资料）临海地区观光城市建设研讨会（2004）：《臨海地区観光まちづくり基本構想》，p.12.

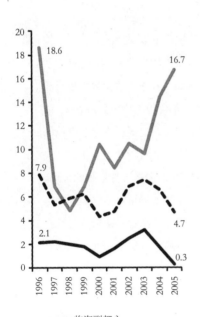

临海副都心
丸之内·大手町·有乐町
东京都区部平均

图Ⅱ.10.2 商务写字楼的空置率
资料）根据各年的《不動産白書》作成。

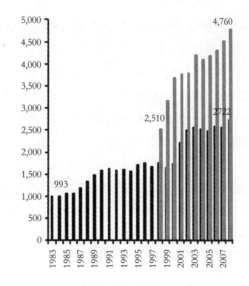

■ 东京迪士尼乐园
■ 临海副都心（台场）

图Ⅱ.10.3 东京迪士尼乐园和临海副都心的来访人数
资料）根据 Oriental Land 公司和东京都港湾局的资料作成。

照片Ⅱ.10.1 临海副都心（台场）现状（笔者摄影）
正面的建筑分别是富士电视台总部办公楼和台场 Tradepia。
近年，该地区开发项目的主体不只是企业经营职能，综合了商业、休闲度假等功能的混合开发项目正在迅速拓展。

II.11　多摩地区的郊外居住区演变

多摩地区的郊外居住区现状

以多摩新城为核心，东京都在多摩地区（八王子市、町田市、多摩市、稻城市）规划建设了全日本规模最大的郊外居住区（图Ⅱ.11.1）。从 1966 年开始，为了容纳高速经济增长期激增的城市人口，上述大规模城市开发项目以日本住宅公团（现：城市更新开发机构）为主体全面展开(表Ⅱ.11.1)。2005 年多摩地区 4 市的人口约为 120 万人，占东京都总人口的比率达到 9.4%。根据 1988 年颁布实施的"多极分散型国土形成促进法"和首都圈建设规划的产业节点城市战略，多模地区将不再局限于卧城功能，而是要作为一个城市节点来承担企业经营、教育研发等诸多的城市职能，并逐步承担起东京都东部地区主要核心的重任。

选择化发展过程中的郊外居住区

经研究预测，日本的低出生率和人口老龄化，将对多摩地区的郊外居住区产生了多方面的影响。如图Ⅱ.11.2 所示，在 2030 年多摩地区 4 市，尽管可能避免人口减少，但高龄人口的比率将达到 30%，形式空前严峻的人口老龄化危机势必到来。

进入高速经济增长期以后，从大学毕业后步入白领阶层的丈夫同专职家庭主妇、孩子构成了社会经济条件十分均质化的细胞核家庭，他们为了实现拥有私人住宅的梦想而迁移到了多摩郊外居住区。作为团块世代（1947~1949 年出生的一代人，是日本在第二次世界大战后涌现的第一次婴儿潮人口）的一员，在郊区拥有私人住宅的过程大致都会历经：单位宿舍——地方政府的经适房——民营租赁住宅——私有独立住宅的不断向上进步的过程，也被形象地比喻成"住宅双六"（双六：日本民间的一种争上游模式的游戏）。但是，入住时正当壮年的团块世代人口现已进入老龄化，有些人腿脚不便开始无法应付遍布坡道、台阶的多摩丘陵的地形，此时的多摩居住区似乎已然变成了让居民连日常独立行走都深感不便的场所。不仅如此，在当初曾被寄予厚望日后奉养老人的团块二代中，为数不少的人在日本社会贫富两极分化日趋严重的形势下，未能成为企业的正式员工，当然也无法享受到终身雇佣、年功序列、丰厚的社会保障制度。因此，不得不以委托派遣的员工或者临时工的形式参加工作，这些人连自身的生活都很难维持，在经济和时间两方面都没有能力照顾父母双亲的生活起居。

在上述背景下，在以多摩地区为代表的东京大都市圈的郊外居住区，低生育率导致的人口减少以及团块二代的贫富分化，有可能导致一直持续至今的郊区人口结构均值特征出现崩溃。即，有的居住区在上下两代人口交替过程中能够实现顺利过渡并保持人口结构平衡，但也会出现无法实现顺利过渡进而发生人口不断减少的居住区。简而言之，作为"一亿总中产"口号立足原点的郊外居住区，未来将会呈现明暗两重天的态势。

（佐藤英人）

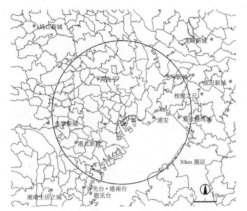

图Ⅱ.11.1　东京大都市圈中主要新城的分布

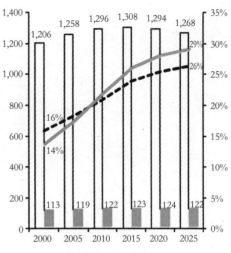

图Ⅱ.11.2　多摩地区的未来人口预测（出处：东京都总务局，2008）

照片Ⅱ.11.1　多摩中心车站前（笔者拍摄）
车站前除了大型超市和百货商店之外，还有
三丽欧彩虹乐园（亦称Hello Kitty Land）等
商业设施，生意氛围较为浓郁且忙碌，携家
人出行的顾客为该地区的消费主力。

表Ⅱ.11.1　东京大都市圈的主要新城

新城名称	竣工年份	面积(公顷)	人口(人)	项目实施主体
多摩新城	1966	2892	205000	东京都，东京都住宅供给公社，城市更新开发机构
高岛平	1966	332	53000	城市更新开发机构
港北新城	1974	1316	108700	城市更新开发机构
洋光台·港南台	1966	507	56900	城市更新开发机构
能见台	1978	180	10100	京滨急行电气铁路（株式会社）
湘南生活新城	1972	378	31659	藤泽市
成田新城	1968	483	33300	千叶县
桉树之丘	1977	150	13000	山万（株式会社）
千叶滨海新城	1968	1480	134500	千叶县企业厅
千叶新城	1969	1933	75800	城市更新开发机构，千叶县
浦安	1971	367	15400	千叶县企业厅
龙崎新城	1977	672	25600	城市更新开发机构
鸠山新城	1974	140	9500	日本新都市开发（株式会社）

注）面积和人口为2000年的数据。另外，项目实施主体的名称已统一为现有名称。
资料）国土交通省编（2004）：《平成16年版首都圈白書》，155p.

Ⅲ 京阪神大都市圈

大阪湾岸天宝山地区和环球影城（TY）

大阪千里新城的居住区（TY）

Ⅲ.1　京阪神大都市圈的区域空间结构

人口郊区化

伴随着产业革命进程的人口高度集中，带动了城市规模的迅速扩张。从城市中心地区展开的人口郊区化现象，自明治时代（1968~1911 年）以后与郊外居住区的开发同步展开。昭和初年（始于 1926 年），大阪市长关一以大都市圈战略构想为指导，在开展城市中心地区建设的同时，大力推进中心城市周边地区的町村（乡镇）合并，实施土地区划整理。第二次世界大战结束后，人口爆发性增长也是促进郊区化迅猛发展的重要因素。1955~1960 年京阪神大都市圈的人口增长状况显示（图Ⅲ.1.1），大阪市主城区的周边各区，以及从北大阪到东大阪的区域地带，人口规模显著扩大；寝川屋市、门真市这样通勤条件便捷，电气·机械等产业大量分布的中心城市周边地区，居住用地急剧扩张，在 20 世纪 60 年代曾出现过 5 年内人口增长率达100% 的现象；在北千里地区，千里新城的开发如火如荼；阪神中间地带的人口增长明显；在京都府范围内，京都市西南的（现）向日市、长冈京市也出现了较高的人口增长率。在高速经济增长期接近尾声的 1970~1975 年（图Ⅲ.1.2），环型人口空间分布的形态进一步得到巩固和扩张，郊外居住区开发翻越了六甲山、生驹山，距离城市中心越来越远。在地方都市圈之一的京都圈中，位于京都府南部地区以及滋贺县的大津市、草津市等地，人口规模同样在迅速扩大。而与此相对应，京阪神大都市圈的核心三大城市（京都、大阪、神户），各自的城市中心地区的人口总量在快速减少。图Ⅲ.1.3 展示了 90 年代前半期的人口变化，其中由于受到 1995 年的阪神·淡路岛大地震的影响，从神户市老城区到芦屋市的连片城市区域的人口出现减少，侧面反映出，地震灾害与城市结构之间有着密切的关系，证实了地震灾害的受灾程度并非仅仅取决于到震中的距离，而是在旧城区更易遭受重大的损失。

产业郊区化

如图Ⅲ.1.2 所示，在 20 世纪 70 年代前期，大阪府南部泉州地区的居住区开发进展显著。该地区在明治时代受到来自大阪的近代化影响主要体现在纤维制造产业的发展上，应属于跨入大都市经济圈的"传播型城市化"（青木，1985）区域，与之相随，大阪的住宅开发也按时到来。在高速经济增长期，大阪湾沿岸的临海工业地带的开发建设得以推进，钢铁、石化等集团企业大量进驻。然而在高速经济增长结束后，上述企业的经营状况下滑，反之，公害问题愈加突出。于是京阪神大都市圈的工业布局开始转向内陆地区，以电气、机械工业等为中心，主要分布在高速公路沿线。譬如，在 1963 年名神高速公路的部分路段开通后的滋贺县南部，名阪国道和中国道沿线就为上述产业的发展提供了条件。另外，物流设施、大型批发市场等也相继集聚到了北大阪、京阪之间、东大阪等地的主干道沿线。大型零售业店铺的布局则追随着郊区人口规模的扩张轨迹，从传统的旧城商业街扩散到了电车站前或主路沿线地区。

极化区域空间结构的变化

伴随着人口与产业的郊区化，从京阪神大都市圈的通勤和购物行动的目的地等要素反映出来的极化区域空间结构，基本上遵循了图Ⅲ.1.4 的演进规律。从 20 世纪 60 年代以前层次分明的中心地结构，随着大都市人口郊区化的发展，演变成为严重依赖大都市的大都市圈结构。而当新的郊区节点城镇发展成熟以后，各节点城镇之间的联系正在变得愈加密切。与此同时，大阪在京阪神 3 大城市中的中心地位也越来越突出（大阪市立大学，1990）。

（藤井　正）

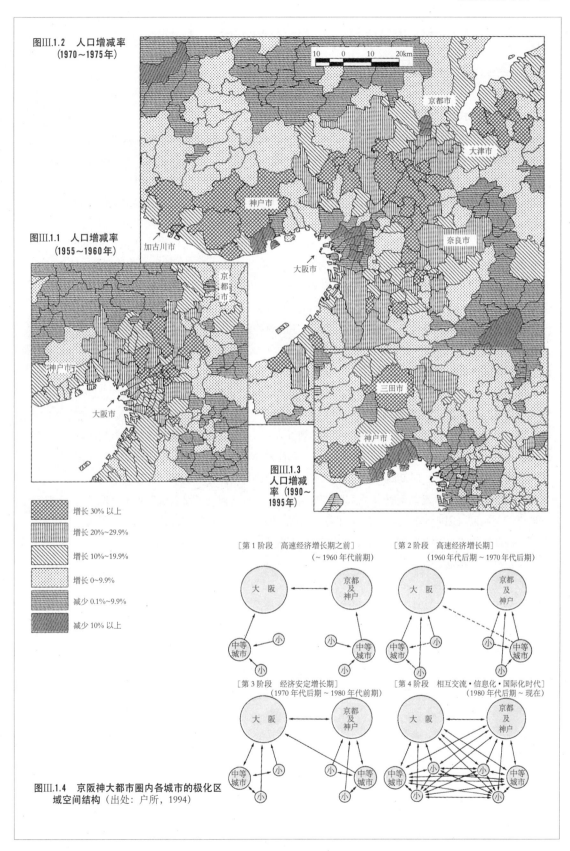

图Ⅲ.1.2 人口增减率
（1970～1975年）

10 0 10 20km

京都市

大津市

加古川市

神户市

奈良市

图Ⅲ.1.1 人口增减率
（1955～1960年）

京都市

大阪市

神户市市

大阪市

三田市

图Ⅲ.1.3
人口增减
率（1990～
1995年）

神户市

增长 30% 以上

增长 20%～29.9%

增长 10%～19.9%

增长 0～9.9%

减少 0.1%～9.9%

减少 10% 以上

［第1阶段 高速经济增长期之前］
（～1960年代前期）

大 阪 ⟷ 京都及神户

中等城市 小 小 中等城市

小 小

［第2阶段 高速经济增长期］
（1960年代后期～1970年代后期）

大 阪 京都及神户

中等城市 小 小 中等城市

小 小

［第3阶段 经济安定增长期］
（1970年代后期～1980年代前期）

大 阪 京都及神户

中等城市 小 小 中等城市

小 小

［第4阶段 相互交流·信息化·国际化时代］
（1980年代后期～现在）

大 阪 京都及神户

中等城市 小 小 中等城市

小 小

图Ⅲ.1.4 京阪神大都市圈内各城市的极化区
域空间结构（出处：户所，1994）

III.2　第二次世界大战前大阪都市圈的郊区社会与郊区生活

民营铁路模式的郊区开发

日本大都市的郊区住宅最早出现于明治时代初期，在东京主要是在此前各地大名的驻京府邸旧址上建设的别墅、宅邸，位于城市建成区内（山口，1989）。大阪最早的郊外是南郊的天下茶屋、阿倍野村域等，远离城市建成区。大阪大都市圈的大规模郊区住宅建设的真正启动，则要后推到明治末期的 1910 年，以位于大阪北郊的箕面有马电气铁路公司开发的池田室町为起点。进入大正时代（1912~1925 年）以后，以城市中产阶层为主要对象的组团式郊外居住区的开发项目相继登场（参照图Ⅲ.2.1）。箕面有马电气铁路客运车次的密集化，使得空间～时间的距离大大缩小，带来了全新的生活和消费方式，譬如职住分离的郊区生活——郊外居住区，郊区休闲度假——箕面公园、宝塚新温泉·游乐园·少女歌剧，高等院校的进驻——关西学院大学、神户女子学院等，另外，位于轨道交通枢纽的百货店——阪急百货商店的布局等，都具有划时代的意义。民营铁路公司开发了大都市圈的郊外居住区，创造了独具特色的民营铁路沿线的市民生活、消费方式，郊区社会在大都市圈内开始逐步形成（片木等，2000）。

郊外居住区的经营理念·思想

关于郊外的理念和思想，E·霍华德的"田园都市"核心思想是职住一体化的农工城市，而日本的郊外居住区则是在城市人的憧憬中诞生出来的"田园卧城"，与霍华德的田园城市存在本质上的区别。其中比较受到关注的案例有：藤井寺——为居民配置了亲近、学习自然的设施（图Ⅲ.2.2）；甲子园——将近郊滨海休闲疗养地功能与住宅开发相结合。相比较郊外居住区的规划理念、思想，这一时期的郊外住宅在城市设计、建筑设计上的成果应更为突出。譬如大美野（图Ⅲ.2.3）的环岛，千里山、武库之庄（图Ⅲ.2.4）的斜向交叉路，或者森小路地区的同心圆状道路网（图Ⅲ.2.5）等，引入了环岛、道路绿化带等沿街规划的设计思想，并积极地兼顾了坡度起伏的干燥坡地地形条件，形成了自身的特色。

郊区开发"典范"

在箕面有马电气铁路公司（曾更名为阪神急行，现为阪急电铁）的成功经验的启发下，阪神电铁、北大阪电铁（现为阪急千里线）、京阪电气铁路、新京阪铁路（现为阪急京都线）、大阪电气铁路（现为近铁奈良线）、大阪铁路（现为近铁南大阪线）、南海电气铁路等民营铁路公司，相继开始了郊外居住区的开发。创业于 1929 年的阪和电气铁路公司作为后来者，以其他公司已有的先进经验为样本，在很短的时间内就完成了多处大规模郊区土地开发项目，其中包括上野芝向之丘、霞之丘（图Ⅲ.2.6）、富木里、圣之丘（图Ⅲ.2.6）、泉之丘等郊外居住区，以及阪和滨寺海水浴场（图Ⅲ.2.7）、上野芝的阪和射击场、信太山高尔夫球场和砂川儿童游乐园（图Ⅲ.2.8）等郊外休闲度假区。还在天王寺火车站创建了阪和超市，以及与媒体、信息传播相关的'阪和新闻'、'阪和百景'杂志，以及广告塔、广告栏目、揭示板等典型的郊外居住区配套服务设施等，共同营造出了鲜明的郊区空间氛围。

（水内俊雄）

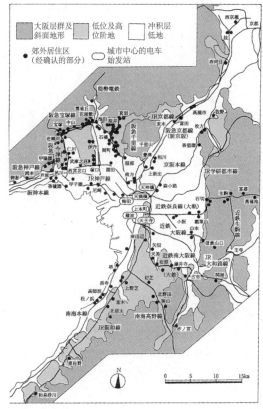

图Ⅲ.2.7 阪和滨寺观光与户外徒　图Ⅲ.2.8 阪和砂川游乐
步郊游的广告（出处：大阪　　　园的广告：（出处：
朝日新闻1937年7月10日）　　　竹田，1989）

图Ⅲ.2.1　第二次世界大战前大阪大都市圈的郊外居住区分
布（出处：水内，1996）
地名为现在主要车站名称，铁路线为现在名称，铁路网为
1935年的现状（有轨电车、地铁线路被省略），地形等土
地条件省略。

图Ⅲ.2.4　武库之荘：斜向相交主路
（驻日美军拍摄，1948，×0.75）

图Ⅲ.2.6　上野芝、圣之丘的分期付款住
宅宣传资料（出处：竹田，1989）

图Ⅲ.2.2　藤井寺：斜向相交主路　图Ⅲ.2.3　大美野：环岛（驻日美军拍　图Ⅲ.2.5　森小路：放射状道路网
＋棒球场（驻日美军拍摄，　　摄，1956，×0.75）　　　　　（驻日美军拍摄，1948，×0.75）
1948，×0.75）

III.3 大正时代·昭和时代初期郊区住宅的诞生与通勤状况

东京有山手地区和下町地区这样泾渭分明的居住地域空间结构的区分，然而大阪却没有类似山手地区这样的高级居住区。这一现象与近代大阪较早就实现了住宅郊区化有着密切的关系。现在，都市圈的郊区化是非常普遍的现象，但是在 20 世纪初期，通勤时间和通勤费用是影响从郊区向城市中心通勤的主要制约因素。作为城市居民的生活空间，郊区开发的步骤依次为：①富裕阶层的别墅；②高级居住区；③中产阶级居住区；④包括组团居住区在内的平民住宅区。大阪的郊区铁路网在从大正时代（1912~1926 年）到昭和时代（1926~1989 年）初期（始于 1926 年）这一期间得以完善，该阶段恰好处于上述② ~ ③的过渡期。

住宅郊区化的诞生

此时已步入工业化轨道的大阪的城市化过程，主要呈现出两种模式。其一，是向大阪主城区周边及其临近地区迁出的工厂，和随之出现的工人住宅区的布局，其中的大多数是 1925 年划入大阪市的辖区范围，工厂和工人住宅区的向外扩张在此之后仍在延续。其二，是与都市的喧嚣环境相隔绝的郊区轨道沿线地区的住宅化，当时的轨道运营公司以增加客流量为目的，开始着手在郊区轨道沿线地区进行住宅开发，对于拥有稳定收入的中产阶级来说，定位合理的住宅分期付款制度也在同一时期诞生，尤其在临近山、海的大阪和神户两座城市的中间地带，最先出现了独立别墅和高档次住宅区的大规模开发，实现了郊外居住区的强势发展，该趋势的影响一直持续至今。另外，阪神之间以及泉北地区的临海部分，此后逐渐演变成了临海重工业地带。

中心城市大阪的通勤模式

1920~1930 年大阪的郊区轨道交通网已基本形成，来自郊区的通勤人口不断增加。从图III.3.1 和图III.3.2 可以看出，从白领阶层集中的郊区城镇向大阪市的通勤率，与今天的情况相比也丝毫不逊色。但是由于公共汽车等轨道交通末端的交通连接手段欠发达，导致即使是在距离大阪中心城区很近的外围区域仍然存在通勤率非常低的地区。另外，大阪西南部地区（泉州地区）的通勤率较低，源自该地区作为纺织工业区已经实现了独立而完善的生活配套设施，实现了职住平衡。

根据大阪市内不同的通勤目的地来划分通勤模式，可发现白领阶层更集中的远郊区城镇的通勤人口多指向商业·商务活动最繁忙的中心城区；而在紧邻大阪中心城区的城镇，到工业活动更为活跃的大阪外围城区进行短距离通勤的现象则更为普遍。另据当年大阪市政府社会部的调查结果，可获知工厂劳动人口的交通工具利用状况。其中，使用轨道交通工具通勤的人口所占总劳动人口的比例未达到 10%，半数以上的工人居住在工厂周边地区，日常均采用徒步的通勤方式，这主要由通勤费用的负担和收入因素所决定，以及源于长时间的劳动和劳动性质所带来的身体疲劳不适合长距离的通勤活动。当然，尽管这样，仍然存在由于工厂周围的住房紧张而不得不进行远距离通勤的现象。

最后，可将大阪的住宅郊区化现象产生如此之早的理由归纳为两点。首先，在大阪中心城区内，缺乏被绿色植物包围的干燥高地；其次，大阪的企业家在很早的时期就选择了逃离居住环境不断恶化的中心城区，定居到了郊区，并取得了成功，促进了郊区社会的发展。

（石川雄一）

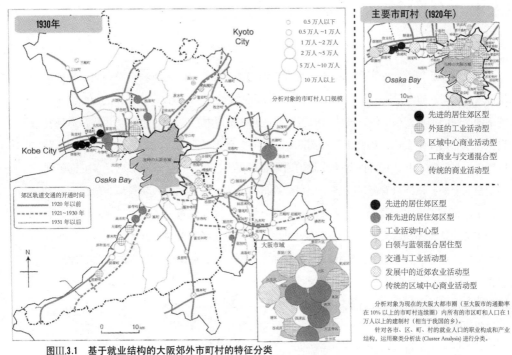

图Ⅲ.3.1 基于就业结构的大阪郊外市町村的特征分类
（作者根据1920、1930年的国势普查报告作成）

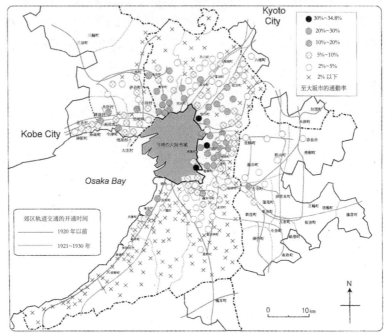

图Ⅲ.3.2 1930年从郊区市町村向大阪市的通勤・通学率
（作者根据1930年的国势普查报告作成）

注）选取的分析对象包括大阪府内的全部市町村、兵库县阪神地带（武库郡、川边郡）
的市町村。除此之外还选取了通勤・通学率在2%以上的全部市町村。图中的外
围边界线以内即现在的10%通勤圈范围。

III.4 京阪神大都市圈的地价分布

城市的住宅地价

通常，地价会随着向城市中心接近而呈现递增趋势，反之，越远离城市中心向郊外推移则地价逐步递减。如以居住用地为例进行考察，可发现如下规律。假设一座城市的用地沿着均质的平面向四周扩展，在工作日该城市的居民都是前往城市中心的 CBD 通勤。这样，通勤费与到城市中心的距离会成正比例上升（图III.4.1a）。在其他条件也均等的前提下，居住用地距离城市中心越近越有利，相应的对于用地的需求量也更大。但是，由于能够满足多方面条件的土地是有限的，最终只有能承受各个地段最高地价的人可以顺利地入住该地。价格竞争的结果显示，距离城市中心越近，土地价格被拉升的越高，远远地超过了郊区（图III.4.1b）。如果再加上交通费用递减的要素，上述趋势则更加显而易见。而如果地价高涨，却依然存在巨大的需求时，那么土地利用的集约化即开始呈现并不断发展，城市中心地区的居住用地细分化和住宅高层化的进程也就愈加迅猛，最终推动了地价的节节攀升。在上述因素的共同作用下，以城市中心为顶点的富士山状地价分布模式得以形成。

地价波动曲线

在考察城市的地价分布特征时，横轴表示至城市中心的距离，纵轴表示地价的曲线图经常被用到。曲线图上蕴含着地价数据的曲线，被称为地价波动曲线。该曲线一般在接近城市中心的位置开始快速攀升，在预测上大多适用负指数函数。图III.4.2 显示了一个地价结构模型，若想根据到城市中心的距离来了解地价在空间上的演变，可采用横断面分析法；如果是想立足于某一地点来观察地价的年际变化，可采用时序纵向分析法。

多核大都市圈的地价结构

虽然地价波动曲线不失为一种有效的分析手段，但是如果面对的是京阪神大都市圈这样存在复数中心城市的研究对象，以到某一个城市中心的距离为依据的地价分析方法，很难得出正确的结果，因为其实际地价必须是复数中心城市的影响力相互重叠作用的结果（图III.4.3）。对此，需兼顾中心城市的规模和交通可达条件等要素求出复合型指标，设定叠加距离（图III.4.4）。图III.4.5 为京阪神大都市圈各市町村的住宅地价散布图，横轴是经计算求得的叠加距离，纵轴为对数刻度，数值的分布围绕直线展开（实为指数函数曲线）。如图所示，1990 年的地价波动的切片基点与走势均明显远远高出 1980 年。另外，再根据叠加距离向城市中心方向依次划分出 A~E 五个圈层，对各圈层地价平均值的年际变化特征进行分析（图III.4.6）。分析结果显示，20 世纪 80 年代前半期的增长趋势较为缓慢，而到了 1987 年以后临近城市中心的地带出现了急剧的上升势头，涨势逐层波及到了城市郊区，此后以"泡沫经济破灭"为关键拐点，京阪神大都市圈的地价自 1991 年开始转为大幅下滑。虽然历经多年的调整，于 2005 年前后出现了回升的迹象，但仍需对其今后的发展趋势保持密切关注。

（丰田哲也）

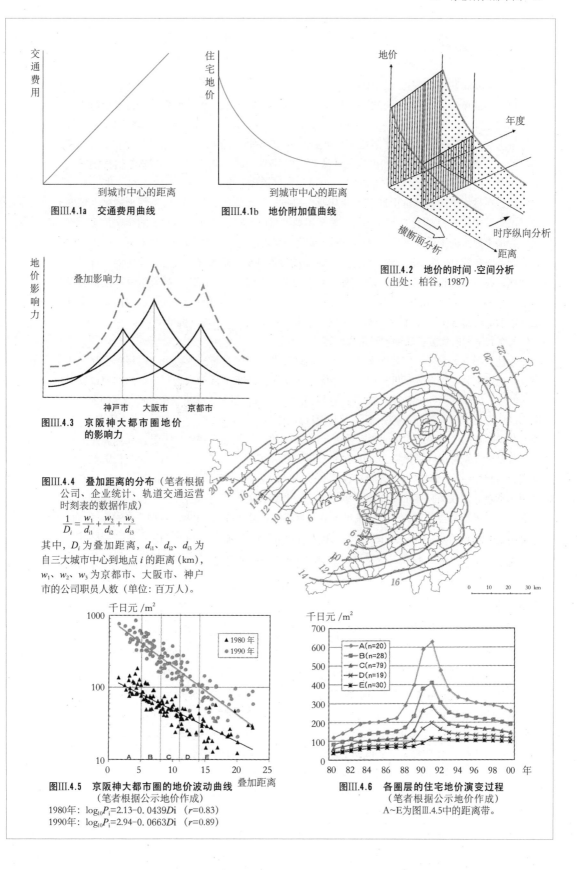

图Ⅲ.4.1a 交通费用曲线

图Ⅲ.4.1b 地价附加值曲线

图Ⅲ.4.2 地价的时间·空间分析
（出处：柏谷，1987）

图Ⅲ.4.3 京阪神大都市圈地价
的影响力

图Ⅲ.4.4 叠加距离的分布（笔者根据
公司、企业统计、轨道交通运营
时刻表的数据作成）

$$\frac{1}{D_i}=\frac{w_1}{d_{i1}}+\frac{w_2}{d_{i2}}+\frac{w_3}{d_{i3}}$$

其中，D_i 为叠加距离，d_{i1}、d_{i2}、d_{i3} 为
自三大城市中心到地点 i 的距离（km），
w_1、w_2、w_3 为京都市、大阪市、神户
市的公司职员人数（单位：百万人）。

图Ⅲ.4.5 京阪神大都市圈的地价波动曲线
（笔者根据公示地价作成）
1980年：$\log_{10}P_i=2.13-0.0439D_i$ （$r=0.83$）
1990年：$\log_{10}P_i=2.94-0.0663D_i$ （$r=0.89$）

图Ⅲ.4.6 各圈层的住宅地价演变过程
（笔者根据公示地价作成）
A～E为图Ⅲ.4.5中的距离带。

Ⅲ.5 老城区的工业和阪神大地震

郊区化背景下的老城区工业衰退

自从产业革命以后，工业一直承担着城市成长的原动力的角色。但是，随着土地与劳动力成本的上升，以及物流成本的相对下降，工业脱离大都市的步伐日益加速。图Ⅲ.5.1通过和全国平均水平进行比较，展示了近畿大都市圈内各市町村的工业从业人口数的变化状况。大阪湾岸地区从20世纪60年代开始出现工业从业人口减少，到70年代以后，尽管在其外围区域呈现出了工业从业人口强势增长的势头，但湾岸地区总体上仍处于负增长的状态。进入90年代以后，在日本全国各地都出现了工业从业人口减少的趋势，其中，大阪湾岸地的减少幅度尤其巨大。中等规模以上工厂的迁出、关闭和规模缩小，对于从业人口减少的影响最大，而残留在湾岸地区的工业逐渐呈现出小、零、细化的发展趋势（资料来源：（财团法人）21世纪兵库创造协会等）。大都市内部老城区工业地带的衰退现象，是大多数发达国家都经历过的共性问题，在日本尤以"重、厚、长、大"工业发展历史悠久的大阪市、神户市沿海地带表现得最为突出。经济衰退的导火索，必然会引燃社会衰退（人口老龄化、低收入化等）、物质衰退（住宅建筑的老化等），长期积累的问题一旦爆发，就形成了老城区弊病。

老城区工业的优势和阪神·淡路大地震

上述被卷入小、零、细化的潮流中的老城区工业，经过重新洗牌并再度汇聚到一起，从另一个角度来看也拥有其不可替代的独特优势。以遭受1995年阪神大地震灾害的神户市长田地区的合成皮革制鞋产业的复兴过程可一探其究竟。长田地区是在非常狭窄的区域范围内，由同一产业门类的工厂高密度集聚而形成的具有典型性的产业集聚地（图Ⅲ.5.2），在地震灾害中，原有的186家行业协会加盟企业中有接近半数的90家工厂被完全损毁。但是，在地震灾害发生后仅经过3个月时间，该协会80%的企业就重新开工生产，其生产活动仍然在长田地区内继续，与此同时，个别因震灾临时转移到其他地区的企业也重新返回到了该地区。这一方面说明上述企业对长田地区拥有深厚的感情，也表明经长久积淀得到的人脉、合作体系以及劳动力资源等累积利益，对各个企业来说都具有重要的意义（井上，1998；和田，1999）。然而，以1999年为时间节点，上述企业的生产总值开始持续徘徊于地震灾害前的70%左右。究其原因，可从以下几个方面解读，即，因为进口产品数量的增加、经济不景气、与国内其他同类产品产地之间的竞争等（山本，2000），导致长田地区的合成皮革制鞋产业的发展环境越来越严峻。鉴于上述形势，当地首先发挥已有的历史积淀优势，并采取将产业引向高附加值化的途径等多项措施，与此同时，新的危机也不容回避。其实，在地震灾害发生之前，长田地区已经出现了产业郊区化的动向，在地震结束以后，神户市政府将制鞋企业最为集中的长田核心地块纳入到了城市规划项目区（城区更新开发项目、土地区划整理项目）。随着规划项目的实施陆续有企业迁出，这加剧了整个长田产业集聚区的分散趋势。通过对图Ⅲ.5.2的左右两部分内容进行对照，可发现在城市规划项目区范围内的企业数目在减少（地震灾害前的83家→地震灾害后的42家），其中一部分企业流向了外围区域（即，在图中"长田地区中心部分"以外，地震灾害前的25家→地震灾害后的36家）。综上所述，尽管居住和工业用地混合地区的物质环境优化非常重要，其必要性已从遭受地震灾情的严重程度得到了验证，但是并不应该忽视灾后重建或旧城更新开发项目对未来老城区的产业复兴可能造成的负面影响。因此，在针对老城区的城市改造规划中，应该包含合理引导产业发展的弹性策略。

（和田真理子）

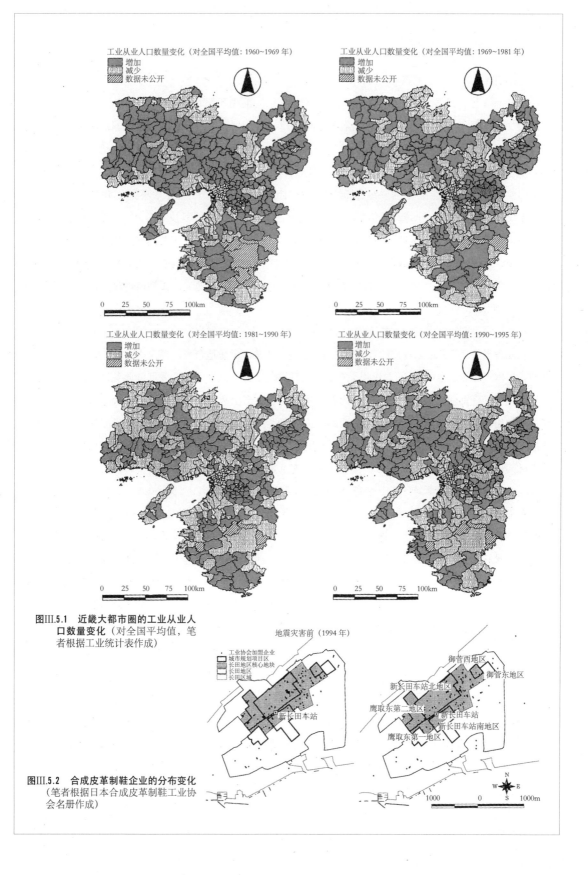

图Ⅲ.5.1 近畿大都市圈的工业从业人口数量变化（对全国平均值，笔者根据工业统计表作成）

图Ⅲ.5.2 合成皮革制鞋企业的分布变化（笔者根据日本合成皮革制鞋工业协会名册作成）

III.6　大阪湾岸地区的变貌

都市观光

2001 年 3 月，日本环球影城（USJ）在大阪湾岸地区正式开始营业（图III.6.1）。该主题公园的规划目标不仅是满足日本国内游客的消费需求，还计划吸引来自亚洲其他各国的游客前来观光，1990 年开业的海游馆是大阪湾岸地区诸多观光设施开发的起点。拥有会展功能的 INTEX 大阪，则是以观光客或因公来访者为目标人群的兼具都市观光功能的核心设施，该设施原为位于港区的大阪国际贸易展览会场，于 1985 年迁至南港地区（也被称为咲洲）。INTEX 大阪不仅拥有国际贸易、全球经贸信息发布等功能，同时也被认为是"科技港口大阪规划"以和谐城市环境建设的理念打造新都市核心的现实一步。另外，随着 1994 年关西国际机场正式投入使用，全球性商业设施 ATC（亚洲太平洋贸易中心）、WTC（大阪世界贸易中心）先后开始运营，美津浓体育用品公司等拥有总部功能的商务写字楼进驻该地区，舞洲体育岛也已竣工并投入使用。

从"滨海"到"海上空间"的延伸

在高速经济增长期的工业化时代，湾岸地区主要作为滨海工业地带来发挥作用（图III.6.2），譬如，日本环球影城（USJ）的建设用地在此之前就曾是支撑大阪近代工业发展的此花区樱岛大型工厂用地。而南港最初也曾被规划为石化集团企业生产用地，只是后来受到大阪市城市建设用地密度控制、公害问题、石油企业的区位竞争等因素的影响而未能实施。作为取代石化产业进驻的方案，南港从 20 世纪 60 年代末开始打造商业港口，到 70 年代末日本经济增长速度放缓的时期，已经布局完成了涵盖多种门类的商业和物流设施。作为大阪市解决人口减少问题的措施，港口小镇居住区于 1977 年诞生，并配套建设了海滨浴场，在 80 年代又增加了鸟类乐园、相爱大学等设施。在上述与城市环境密切相关的设施布局完成后，1980 年末又迎来了新一轮城市开发的高峰。由此可见，大阪湾岸地区在不同的经济发展时期经历了一次又一次的近、现代城市开发的浪潮冲击，是承担并满足了各种不同经济发展需求的载体。这些包含了大量相互制约，或相互对立要素的设施建设规划，也经历了无数次的变更。在旧城更新规划中，作为都市型工业迁出的工厂设施，譬如某火力发电厂的选址，在规划初始阶段被安排在港口小镇的北部，但是该地块最终却被修改为商务用地，开发了宇宙广场和公寓式住宅区，居住用地规划也由最初的入驻企业员工居住区变更为无车社区空间（No-Car Zone）模式的超万人规模高层住宅区。

薄型电视用面板生产集聚地

2002 年，针对高速经济增长期的大都市高密度开发进行严格限制的《工厂等设施限制法》正式废止。随后在旧工业地带重新出现新的生产型产业进驻。如图III.6.1 所示范围以外，即紧邻北部地区外侧的尼崎市，和最南部地区外侧的堺市滨海地带，相继有多家生产液晶显示屏的新工厂进驻，大阪湾正逐步发展成为"薄型电视用面板生产聚集地"。

（藤井　正）

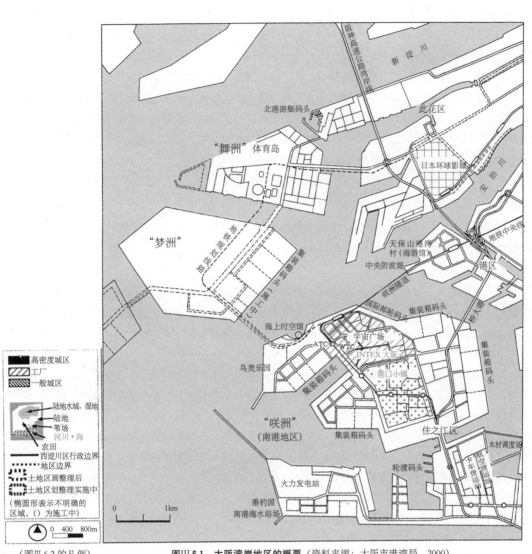

（图Ⅲ.6.2 的凡例）

图Ⅲ.6.1 大阪湾岸地区的概要（资料来源：大阪市港湾局，2000）

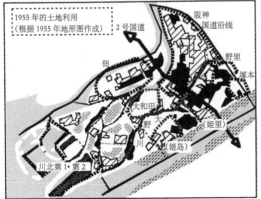

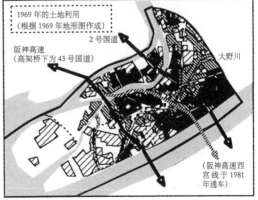

图Ⅲ.6.2 大阪市西淀川区的土地利用变化（出处：宗田等，2000）

III.7　老龄化的千里新城及城市更新

千里新城发挥的作用

千里新城是日本最早出现的大型新城，其目的是缓解高速经济发展期，因人口向中心城区过度集中而产生的住宅需求，由大阪府负责规划建设。千里新城规划以邻里社区规划理论（以拥有邻里社区中心、小学校等日常生活设施配套的小学校区为基本单位的理念）为指导，成为当时日本国内新城建设的典型模式。在1963年颁布的新住宅城区开发法的主导思想是保证大规模居住用地的供给，千里新城规划在该法的框架下得以实施。

千里新城自1962年诞生至今，已向社会提供了40000套住宅，同时还创建了日本国立循环器官疾病研究中心等高新领域的医疗机构，在该设施群的周边地区先后集聚了大阪生命科学研究中心等多家高科技研发机构。千里中央作为该地区的地区中心，商业功能与商务功能高度集聚，已发展成大阪北部的区域核心。

老龄化的千里新城

千里新城的人口老龄化日益加剧，2005年的老龄化率达到26.1%，比大阪府的平均水平（18.5%）高出7.6个百分点（图III.7.2）。当初便捷的交通条件和优良的居住环境，更多地吸引了拥有永久定居计划的人群迁入，但是随着人口老龄化的快速发展，青年和儿童人口的锐减引发了社区活力不足的问题。

另外，住宅建筑的老化和邻里社区中心的功能衰退也成为严重的问题。在政府开发的住宅中，建于1965年以前的比重约为40%。近年，大阪府住宅供给公社的租赁住宅和大阪府经营管理的公共住宅先后开始进行了重建和更新。今后，包括UR（urban renaissance）城市更新机构开发的分期付款住宅在内，建立在各开发主体相互协调、合作基础之上的新城更新机制建构将格外重要。另外，原有的邻里中心由于未能有效地应对居民购买行为的变化，导致在来自周边新兴大型商业设施和沿路店铺的挑战中落败，说明其功能已严重衰退。由于新城老龄人口的快速增长，在原有的日常生活圈范围内将急需更为密集的服务网点，这要求邻里中心在功能上进一步优化，实现多种功能的混合化和高利用率。

着眼于新一代居民的千里新城城市更新

近年，民间资本的介入为新城更新注入了活力。在千里中央地区中心、南千里地区中心，公开招标方式的实施推动了城市更新项目的进展，与此同时，在政府经营管理的公共住宅重建及其剩余用地处理的过程中，都计划引入并发挥民间资本的作用。

另外，社区居民的志愿活动内容日趋丰富，譬如"东町街角广场"这样有助于增进社区交往的空间，以及以提供各类生活援助为目的的居民自发性公益组织或NPO（非营利组织）的数量大幅增加。2007年，千里新城更新联络协议会（包括府、市、公共住宅开发者等）制定了"千里新城更新方针"，明确要求居民、施工单位、政府部门、专家·NPO等多方利益主体应共同协商、参与到千里新城更新项目的实施过程中。在该方针的指导下，当初，由大阪府开发的所有"卧城型"新城都将在多样化的利益主体、城市功能的相互协调中，慢慢演变为复合型城市，增强新城的活力，使致力于造福下一代居民的千里新城更新工作获得更大的支持和期待。

（伊富贵顺一）

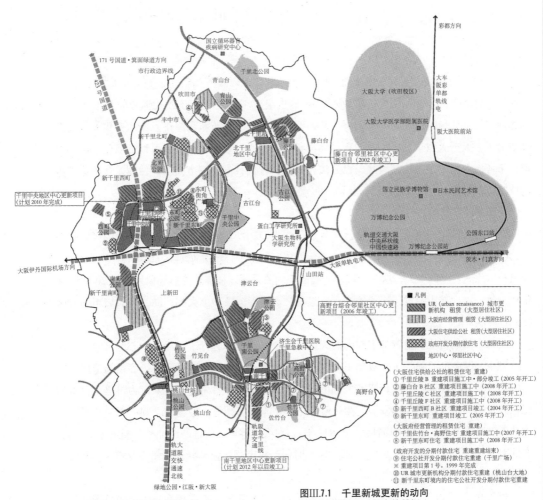

图Ⅲ.7.1　千里新城更新的动向
注）图中为 2008 年末的数据。

凡例
- ■■ UR（urban renaissance）城市更新机构 租赁（大型居住社区）
- ||| 大阪府经营管理 租赁（大型居住社区）
- ▨▨ 大阪住宅供给公社 租赁（大型居住社区）
- ▦▦ 政府开发分期付款住宅（大型居住社区）
- ■ 地区中心·邻里社区中心

（大阪住宅供给公社的租赁住宅 重建）
① 千里丘陵 B 重建项目施工中·部分竣工（2005 年开工）
② 藤白台 B 社区 重建项目施工中（2008 年开工）
③ 千里丘陵 C 社区 重建项目施工中（2008 年开工）
④ 千里丘陵 F 社区 重建项目施工中（2008 年开工）
⑤ 新千里西町 B 社区 重建项目竣工（2004 年开工）
⑥ 新千里东町 重建项目竣工（2005 年开工）

（大阪府经营管理的租赁住宅 重建）
⑦ 千里佐竹台·高野住宅 重建项目施工中（2007 年开工）
⑧ 新千里东町住宅 重建项目施工中（2008 年开工）

（政府开发的分期付款住宅 重建重建结束）
⑨ 住宅公社开发分期付款住宅重建（千里广场）
※ 重建项目第 1 号。1999 年完成
⑩ UR 城市更新机构分期付款住宅重建（桃山台大地）
⑪ 新千里东町境内的住宅公社开发分期付款住宅重建

表Ⅲ.7.1　千里新城的历程

1958 年	大阪府决定建设千里新城，同年开始征收土地
1962 年	千里新城诞生
1965 年	千里南地区中心开业
1967 年	千里北地区中心开业
1970 年	世博会开幕，地铁大阪中央环线、新御堂筋线开通，轨道交通新大阪急行开通，千里中央地区中心的主要商业设施（阪急百货店、专卖店）开业
1977 年	国立循环器官疾病研究中心、国立民族学博物馆建成
1992 年	千里生命科学研究中心大厦建成
1997 年	大阪单轨电车线路全线通车（门真市～大阪伊丹国际机场）
2002 年	千里新城诞生 40 周年（纪念论坛召开）
2006 年	千里中央地区城市更新项目竣工
2007 年	大阪单轨电车彩都西线通车（阪大医院前～彩都西）千里新城更新规划方针制定

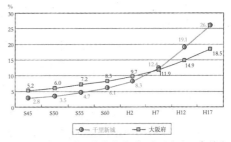

图Ⅲ.7.2　千里新城的老龄化率（65 岁以上人口占总人口的比例）变化
注）数据来自各年的国势普查。

Ⅲ.8　京阪神大都市圈的零售业空间布局变化

中心地理论

图Ⅲ.8.1 所示的克里斯塔勒中心地理论是阐述零售业、服务业空间布局的重要理论之一。该理论以货品能到达的范围作为基本概念，在 20 世纪初，主要借助徒步或乘坐马车出行的年代，以德国零售业店铺的选址为基本前提。此后经过多年的技术革新和经济发展，零售业已经发展成为了今天的大型企业，店铺的布局环境和过去相比已经发生了翻天覆地的变化。中心地理论未考虑规模的经济性，因此，已无法充分解释现代日本的都市商业。然而，在阐述都市商业空间布局体系的形成过程时，其仍具有重要价值。

大都市圈零售业的特征

京阪神大都市圈集聚了近畿地区半数以上的人口和产业经济活动。在零售业的经营状态上，大都市圈内外的差异十分明显。该大都市圈内有三个中心城市（大阪、京都、神户），在交通•通信技术急速发展的今天，这三个城市之间的空间关系可以被描述为布局紧凑。自 20 世纪 60 年代开始，三大城市经过了快速的城市化过程，最终形成了一个大都市圈，各大城市的城区彼此连接成片。

大都市圈的商业，随着都市圈内的人口分布变化而重新进行了布局。中心城市的人口在持续减少，减少的趋势甚至扩散到了周边的中小城市。人口的减少对商业街等设施造成了深刻的影响。而在高速经济增长期的大都市郊区，像大荣百货公司这样后来成为覆盖全日本的超市连锁新兴企业得以迅速发展。为了解决中小型零售店铺与大型超市之间的矛盾纠纷，日本政府颁布了《大型零售业店铺法》（1974 年），对大型零售业店铺的选址和布局进行了限制。在此背景下，上述大企业开发并推出了 24 小时便利超市这样独具特色的零售业模式，并成长为集团企业。

进入 90 年代以后，随着相关法规的限制政策逐步放宽，大型店铺在日本全国范围内呈现出扩散的态势。在这一时期，到中心城区周边地区进行选址和布局的大型店铺数量增长迅速，郊区型大型店铺的营业面积在一些城市达到了较高的占有率，这些城市主要位于京阪神大都市圈以外的地区（图Ⅲ.8.2）。随着道路设施的发展和完善，以及私家车的普及，大型店铺的选址范围进一步得到了扩展，在大都市圈内部其布局也呈先出增长的态势，在此需留意的是，大都市圈内的大型店铺主要聚集在各中心城区，在营业面积上拥有压倒性优势（图Ⅲ.8.3）。

近年的趋势

在京阪神大都市圈的郊区，美国的品牌折扣店 Outlet Mall、瑞典的宜家等大型店铺数量在增加。进入 21 世纪以后，京阪神大都市圈的零售业空间布局展现出了新的特征。首先，来自关东地区（以东京大都市圈为代表）的零售企业的拓展力度加大。另外，正如表Ⅲ.8.1 所示的城市规划三法（新城市规划法、大型零售店铺选址法、中心城区振兴法）时期的空间布局动向，在京阪神大都市圈内外，大型零售店铺的空间分布呈现出了较为复杂的变化，其中大阪市内的规模扩张最为突出。

（生田真人）

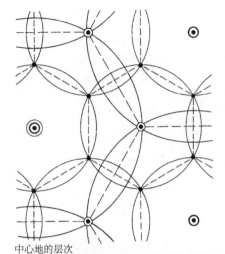

中心地的层次
2 ● (A) 商业服务辐射的边界 货品到达范围的上限
3 ◎ (K) ————— ————— (k/√3)
4 ◎ (B) ——·—— ——·—— (k)
5 ◎ (G)

表Ⅲ.8.1 百货商店·大型超市的选址趋势 (2007年)

城市·府县	公司数量	员工数 （百人）	年均销售额 （十亿日元）	营业面积 （千 m²）
大阪市	34	156	853	465
当 2002 年的 指数为 100 时	103	129	113	108
大阪府	122	402	1389	1332
同上	98	107	98	98
京都市	19	76	358	319
同上	83	91	88	84
京都府	44	147	475	594
同上	92	98	88	99
神户市	29	80	317	348
同上	107	109	96	104
兵库县	86	245	689	997
同上	87	93	84	91

注）百货店·大型超市：销售各类商品的正式员工人数在 50 人以
上的公司。
2002 年的产业分类有微调。
数据来源）笔者根据各年度的商业统计数据作成。

图Ⅲ.8.1 克里斯塔勒的中心地理论
（出处：林，1985）

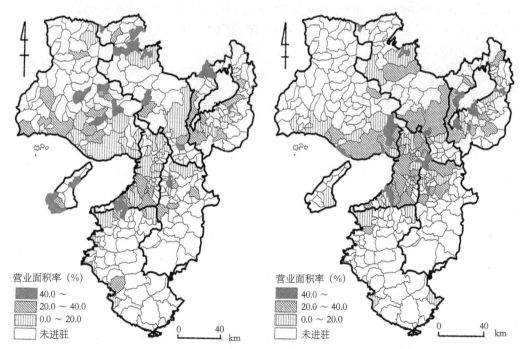

营业面积率（%）
■ 40.0 ～
▨ 20.0 ～ 40.0
▥ 0.0 ～ 20.0
□ 未进驻
0 —— 40 km

营业面积率（%）
■ 40.0 ～
▨ 20.0 ～ 40.0
▥ 0.0 ～ 20.0
□ 未进驻
0 —— 40 km

图Ⅲ.8.2 郊区的大型商业店铺营业面积比率的分布（1997年）
（资料来源：商业统计，根田克彦）

图Ⅲ.8.3 中心城区的大型商业店铺营业面积比率的分布（1997年）
（资料来源：商业统计，根田克彦）

III.9　大阪都市圈的居民日常生活行动特征

大都市圈的扩张与日常生活行动

大都市圈的结构变化对居民的日常生活产生了方方面面的影响，郊区化和郊区的功能健全化，以及远距离通勤所产生的弊端等都成了居民关注的话题。大都市圈范围的扩大导致前往中心城市所需的时间大大延长，对居民其他的日常生活行动会产生直接影响。由于远距离通勤者不得不压缩平时的睡眠和余暇活动时间，因此，很难获得丰富的、健康的生活质量。因此，在郊区有必要创建可满足当地居民就业、消费、休闲需求的、功能健全的生活圈。

大阪市通勤圈的扩大

《国势普查报告书》的数据显示，在过去的 20 年间，京阪神大都市圈的范围并未发生明显变化，以大阪市为目的地的通勤人口数随着通勤距离的延长而增加；与之相反，在紧邻大阪市的一些市町村，该数值却在减少。从此可看出围绕大阪市的通勤圈在向外扩展，远距离的通勤人口和郊区人口在增加。

奈良县除了吉野地区之外都属于京阪神大都市圈，居住在该县西部市町前往大阪市通勤的人口数占当地总人口的比率均超过了 20%。常住就业人口增减率在居住区开发程度更高的西部达到最高增加值，在接近大都市圈边界的地区保持稳定或减少。从县内各市町村居民的就业地点分布趋势（表III.9.1）可发现，在当地市町村就业的就业人口数在减少，前往大都市圈内除大阪市之外的市町村通勤的人口在增加，这意味着郊区间通勤规模的扩大。仅从"就从比"（从业人口 ÷ 本地常住就业人口）来看，在奈良县内尚未呈现出较高的郊区自立化，也未形成明确的工作岗位供给核心区。另外，随着女性的就业规模扩大和就业形态的性别差异，郊区居民的通勤目的地分布呈多样化趋势，这也应被视为居民就业郊区化的现状特征。

奈良县居民的购物行动

从近年零售业的演变特点来看，大型店铺化、连锁化、郊区扩张和沿主路布局日益明显。奈良县在最近 10 年中总共增加了约 80 家大型店铺，县内大型店铺的总数超过了 200 家，与此同时，小型超市和连锁便利超市的数量也在增加。其中，在奈良市以外的轨道交通主站点周边地区，已有超过两位数的大型店铺进驻，另有一部分大型店铺开始在新建居住区和主路沿线地区布局。

表III.9.2 的 1992 年调查结果显示，奈良县居民的大部分日常购物选择的利用对象为大型店铺和郊区专卖店，私家车使用率超过了 50%。内衣、服饰杂货（中低级消费）在当地市町村的购买率较高，一部分外流的购物行动也多选择前往本县内的零售设施集聚地（图III.9.1），说明该类商品的购买需求完全可以在县内得到满足。在女装和童装方面，指向大阪市的购物外流率较高，在县内的满足度较低。县外购物外流比率最高的地区恰恰是大型店铺布局最多的奈良县西部市町，说明距离大阪市越近，大阪市的吸引力的作用就更明显。

奈良县居民在购物行动方面严重依赖大都市的现状，与埼玉县等地的例子存在很大差异。这主要因为奈良县的人口数量增加小，很难形成能够满足当地居民购物需求的零售业设施集聚中心。但是对于大都市圈外的居民来说，大都市圈郊区的零售业网点已经成为其在日常生活中的主要购物目的地。

（正木久仁）

表Ⅲ.9.1　奈良县各市町村居民的就业地点分布变化（1975~1995）
（笔者根据《国势普查报告》作成）

市町村名	常住就业人口的增减率(%)	工作单位所在地的就业人口增减率(%) 当地的市町村	大阪市	其他的市町村	就从比(%) 1975年	1995年
奈良市	53.0	38.7	34.4	127.3	76.4	77.9
大和高田市	34.4	-9.9	75.9	144.5	93.7	78.3
大和郡山市	49.9	24.0	38.0	121.2	90.7	99.8
天理市	31.1	17.8	5.4	85.5	89.9	100.7
橿原市	45.3	24.4	15.3	105.7	68.8	72.4
桜井市	22.6	-6.1	34.9	99.1	80.8	73.9
五條市	8.6	-5.7	29.6	70.9	88.6	90.6
御所市	-0.8	-25.1	0.4	83.9	80.3	76.4
生驹市	134.6	65.5	138.5	216.8	47.6	44.0
香芝市	151.6	60.7	183.0	305.1	66.5	56.9
平群町	105.2	38.8	109.6	192.6	44.9	35.6
三乡町	81.6	0.9	92.4	203.2	49.5	39.5
斑鸠町	53.1	12.1	38.8	140.3	56.7	52.4
安堵町	44.8	-17.0	100.6	91.2	58.4	52.5
川西町	44.3	-3.4	56.2	111.6	66.8	86.1
三宅町	22.2	-24.1	-3.8	119.2	62.6	53.2
田原本町	41.8	8.2	20.8	111.4	69.1	80.2
大宇陀町	-11.2	-27.8	-11.1	39.4	79.9	76.3
菟田野町	-19.4	-34.7	-25.2	27.2	75.9	71.3
榛原町	59.8	-0.5	204.4	157.4	80.8	59.2
室生村	-17.0	-37.0	-14.2	32.8	55.1	66.7
高取町	-8.5	-30.1	-21.7	40.5	72.3	83.9
明日香村	-1.1	-29.6	-14.2	63.0	66.9	62.8
新庄町	46.7	9.1	41.1	143.3	77.2	87.9
當麻町	58.2	-0.4	78.9	187.9	77.2	58.8
上牧町	152.4	62.6	110.2	343.7	39.7	40.2
王寺町	64.1	2.8	75.0	147.2	70.8	62.2
広陵町	57.6	-11.5	209.6	231.3	81.9	96.4
河合町	87.0	16.0	76.9	213.4	46.9	47.4
大淀町	39.0	11.3	14.9	113.2	83.8	80.4

注）不包括京阪神大都市圈之外的市町村。
就从比(%)＝从业人口／本地常住就业人口×100

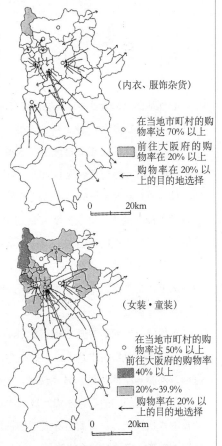

图Ⅲ.9.1　奈良县居民的购物目的地（笔者根据奈良县工商联合会（1993）的数据作成）

表Ⅲ.9.2 不同商品类别的购物行动特征（奈良县）
（笔者根据奈良县工商联合会（1993）的数据作成）

行动类型	商品类别	本县内购物率(%)	使用的设施 百货商店	大型超市	小型超市	郊区型专卖店	普通商店	大阪市 轨道交通·公共汽车	私家车	自行车·摩托车	步行
前往超市	食品	98.8		39.8	33.8		*		33.9	32.4	29.0
前往普通商店	化妆品·医药品	92.1		23.0			47.9	*	36.1	26.8	25.1
	和服	64.0	23.7				48.9	35.2	39.1	*	*
前往大型店铺	内衣·服饰杂货	86.5	*	60.2			*	*	44.5	22.9	*
	男装	69.1	40.4	22.7		20.1		*	30.9	53.4	
	女装·童装	71.2	38.7	34.3		*		*	33.2	44.8	*
	礼品	74.8	65.6	*				*	33.2	50.2	
	鞋	77.7	28.9	30.1			23.5	*	28.1	45.9	
前往专卖店	眼镜·贵金属玩具	80.0	20.3	*		22.0	39.8	23.7	48.6		
		89.3		41.1		20.1	20.9	*	59.3		
前往郊区店铺	家电制品	92.1		*	*	37.3	40.5	*	60.2	*	
	家具	84.5		*	*	26.8	36.4	*	63.5	*	
	运动休闲用品	83.8		*	32.3	27.3	23.8	*	61.2	*	

注）仅标出20%以上的数值，* 为10%~20%，空白为不足10%。

Ⅲ.10 心理地图视角下的大阪都市圈空间结构变化

心中的地图

心理地图（Mental Map）也被称作意境地图或认知地图，通俗来讲就是人们心中的地图。当然，心理地图作为一种主观图像通常表现为较为随意的手画图，区别于能够准确地反映地形地貌和土地利用功能等物理性、客观性要素的一般地图。相对于利用物理距离绘制的地图，还存在通过时间距离来表现的地图。地图在种类上具有多样性，心理地图就是其中的一种，运用心理地图能够对手绘的不规则线条所蕴含的心理、社会影响因素进行分析。城市空间环境拥有各种各样的要素，这些要素被在这里生活的人们通过经验和媒体等来感觉、认知，并转化成信息记忆到人们的头脑中。但是应该如何处理这些空间信息呢？其方法之一就是心理地图。人们在城市空间内采取行动时，首先，需要根据所利用的交通工具和购物条件等从上述信息中筛选出必要要素，然后，再决定下一步的具体行动。

林奇分析法

美国城市规划学者凯文·林奇（Kevin Linch）从五个方面对心理地图进行了阐述。①通道（path）：公路、铁路、水路等。人们在这些线上移动的同时也在了解城市空间。②界限（edge）：海岸、河岸等空间边界，另外铁路、道路对于未乘车的人来说也是边界线。③节点（node）：类似于轨道交通中的沿途站点，成为人们移动途中的标志点。④领域（district）：类似于公园、学校的块状标记，百货商店等大型店铺也用此种形式表现。⑤用地符号（landmark）：把握山、高层建筑等空间位置关系的符号。

心理地图与大都市空间

笔者通过在课堂上要求学生画大阪的心理地图，大致得到了以下几类成果。a) 反映大阪府或市町村等行政区划领域的心理地图（Ⅲ.10.1）；b) 几种表现从家到学校的公交车路线的心理地图（图Ⅲ.10.2）；c) 详细描绘大阪市中心（梅田或难波·心斋桥）和自己家周边地区的心理地图（图Ⅲ.10.3）。分析结果显示：a) 类是来自于教育和媒体的信息在空间认知上的表现；b) 类是来自于本人日常生活中的经验在空间认知上的表现；c) 类显示了大阪的典型地区以及本人在日常生活中经常利用的空间。另外，从上述心理地图中也能够读取出郊区生活人口的生活空间（图Ⅲ.10.4）。譬如，位于郊区的自己家周边地区和城市中心地区被详细地描绘出来，而在两者之间的交通联系方式上仅了解公共汽车线路（图Ⅲ.10.4的生活空间A），这些空间的集成构成了大都市空间。城市居民共同的空间首选城市中心地区，城市中心是将整个大都市圈凝聚起来的核心要素。再如图Ⅲ.10.2所示，随着大学等城市功能的郊区化，上述构成大都市圈的原有典型生活空间逐渐被瓦解，拥有独立、健全的郊区生活空间的人口在增加（图Ⅲ.10.4的生活空间B）。

（藤井　正）

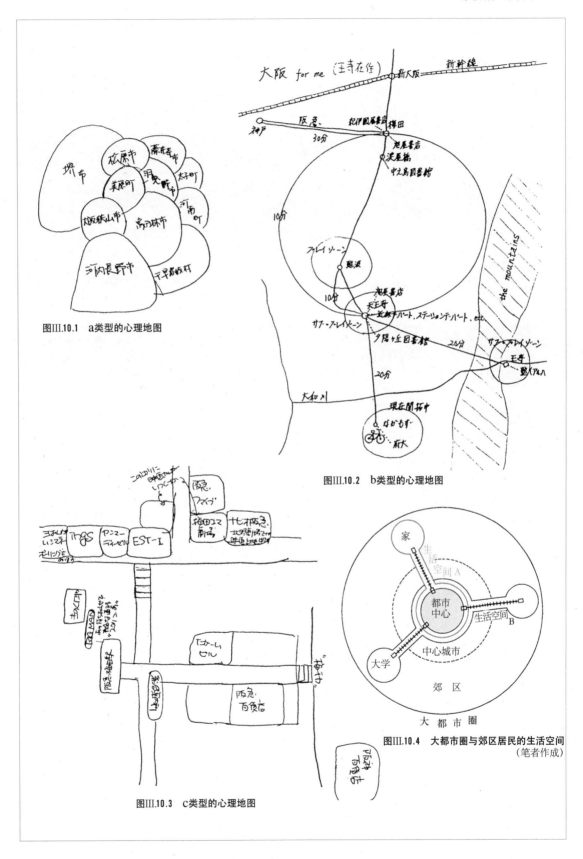

图Ⅲ.10.1 a类型的心理地图

图Ⅲ.10.2 b类型的心理地图

图Ⅲ.10.3 c类型的心理地图

图Ⅲ.10.4 大都市圈与郊区居民的生活空间
（笔者作成）

Ⅳ　名古屋大都市圈和地方都市圈

名古屋火车站前（KT）

鸟取县米子市的郊区·沿路商业区（HY）

IV.1 名古屋大都市圈的形成和区域空间结构

核心城市·名古屋市的历史

名古屋是在江户时代（1603~1867 年）初期，作为德川御三家中的藩主尾张德川家的 62 万石（以米的生产力为标准换算的俸禄单位）城下町（以城郭为中心形成的城市）来进行规划建设的城市。1612 年（庆长 17 年），名古屋城及外围大面积城郭建造工程竣工，在日本的规模仅次于江户、大阪，城南为平民街（町屋地区），城东为武士居住区（武家屋敷地）。元禄时代（1688~1704 年）的平民和武士的家庭总人口数约为 10 万人，在当时与享有 100 万石俸禄的金泽城下町（现石川县金泽市）的规模大致相当，但在明治时代以后迅速发展成为规模远超金泽市的大都市。

从明治时代开始，名古屋市借助横跨日本国土中轴线——东海道的交通区位优势，吸引了各类产业的集聚。该市濒临的伊势湾直接联通太平洋，极大地促进了其工业化的进程，第二次世界大战期间成为日本屈指可数的军需工业制造基地。由于名古屋城坐落于此，名古屋市在明治时代即被指定为爱知县的行政中心，同时也是县内最大城市。在经济领域，名古屋市汇集了负责东海道 3 县（爱知县·岐阜县·三重县）业务的大型企业的分支机构以及中央政府的派驻管理机构，成为辐射东海道 3 县的核心大都市和日本三大都市之一。但是，从 20 世纪 70 年代以后日本各地经济的核心管理功能的集聚趋势来看，向三大都市圈的顶点东京的集中程度越来越高，东京同大阪、名古屋之间拉开的差距越来越大（图Ⅳ.1.1），也就是通常所说的东京单极集聚效应。

土地利用与地形的关系

名古屋城的筑城位置在热田台地的西北角，从古代军事防御的观点来看，在台地边缘筑城的理由与江户城（武藏野台地东端）、大阪城（上町台地的北端）相同。名古屋大都市圈以名古屋城为界，东西部的地形存在非常大的差异。东部以洪积台地和丘陵地为主，西部分布的是冲积低地，而面向伊势湾的南部也是低地（图Ⅳ.1.2 和图Ⅳ.1.3）。

1960 年以后的大规模居住用地开发（春日井市的高藏寺新城等）、郊区的大学校园布局（濑户市、日进市、长久手町等）以及内陆型的工业开发区，多位于名古屋大都市圈的东部，西部主要以农业用地为主，大规模的居住区和大学等设施很少。

名古屋市的居住区域空间结构

名古屋市和东京都区部相类似，地形同居住区的扇状布局关系密切。高等教育人口比率（图Ⅳ.1.4）高的区多分布于名古屋市的东部，相对低的区在南部和西部居多。另外，平均每 1 万人中高额纳税者人数（图Ⅳ.1.5）多的区和少的区，以及白领人口比率高的区和低的区也同样呈现出清楚的扇状结构，其扇状结构的形成要素与东京相同。但是，单身家庭所占比率高的区集中在城市中心的几个区，未显示出扇状结构（图Ⅳ.1.6），其理由是在城市中心工作的单身人士，更多是出于对职住相近的需求，而愿意选择离城市中心更近的位置居住。

（富田和晓）

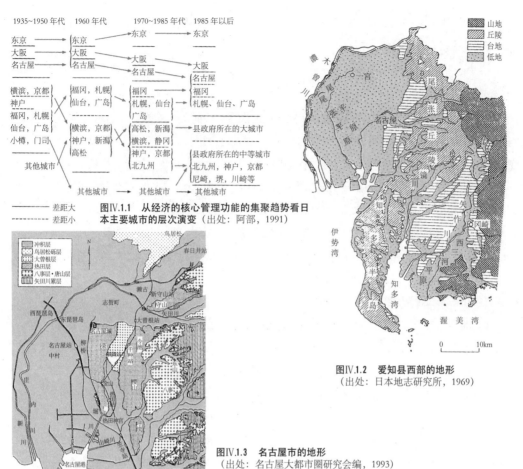

图Ⅳ.1.1 从经济的核心管理功能的集聚趋势看日本主要城市的层次演变（出处：阿部，1991）

——— 差距大
------ 差距小

图Ⅳ.1.2 爱知县西部的地形
（出处：日本地志研究所，1969）

图Ⅳ.1.3 名古屋市的地形
（出处：名古屋大都市圈研究会编，1993）

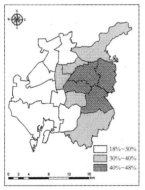

图Ⅳ.1.4 高等教育人口比率（%）
（根据2000年国势普查报告作成）
高等教育人口比率指从短期大学·专科学校、大学·研究生院等高等教育机构毕业的人口数占高等教育、中学、高中毕业总人口数的比率。

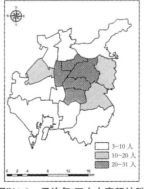

图Ⅳ.1.5 平均每1万人中高额纳税者人数（2004年）
（根据2008年区域经济总览作成）
"高额纳税者"指纳税额超过1000万日元的信息公开者。

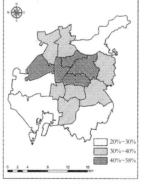

图Ⅳ.1.6 单身家庭比率（%）
（根据2000年国势普查报告作成）
单身家庭占普通家庭的比率。

Ⅳ.2 名古屋大都市圈郊区居民的人口学特征和居住经历

郊区的人口学特征

特定年龄段人群的高度集聚，是三大都市圈郊区的人口学特征之一。图Ⅳ.2.1 显示的内容，是与名古屋市东北部相邻的春日井市的常住人口年龄结构演变过程，1955 年的 0~20 岁人口方阵主要由 20 世纪 40 年代出生的人口构成，该方阵的规模在六七十年代出现了急速增长，与此同时，以该年龄段人口的子女为主体的第二次婴儿潮在春日井市诞生，这样在名古屋大都市圈的郊区人口结构上就产生了两大突出的高峰方阵。上述第二次婴儿潮是大都市的郊区所特有的现象，而在地方城市 1970 年前后的新生儿出生率则仅有微增。另外图Ⅳ.2.2 显示，20 世纪 60~70 年代的人口郊区化，对当时年龄在 40 岁以上，即 20 世纪 10~20 年代出生的人口方阵影响不大。也就是说，人口郊区化进程主要发生在某特定的人口方阵上面。

郊区居民的居住经历

那么，20 世纪 60~70 年代郊区的增长人口究竟来自于哪里？笔者以居住在春日井市高藏寺新城的独栋住宅，丈夫出生于 1935~1955 年的 120 户家庭为对象，进行了居住经历问卷调研。从户主的出生地来看，新城的居民主要来自名古屋市和地方中小城市。图Ⅳ.2.2 展示了来自地方中小城市的居民的完整居住经历，其中包括丈夫 49 人、妻子 41 人。

在人们从地方中小城市到大都市郊区移动的过程中，人生的重大事件成为变换居住地的关键契机。其中最为典型的经历如下：首先通过升学、就业的契机从地方中小城市流入到大都市圈的中心城市；然后随着结婚、子女长大再搬迁到郊区，住进独栋住宅。然而在夫妻双方的居住经历特征上存在一定差异，其中妻子在结婚以前一直住在地方中小城市，以结婚为契机迁移到大都市圈的情况较多。

郊区形成的时代性

针对郊区居民居住经历的研究目前仍在持续，关于 40 年代出生的人群更多地向郊区移动的理由，有以下两点最值得关注。①在 60 年代的高速经济增长期，就业·升学的机会明显偏重于大都市；②规模巨大的 40 年代出生的人口方阵在迎来升学·就业期（20 世纪 60 年代）之前，大多生活在地方中小城市。总而言之，日本大都市圈的郊区社会的形成，是人口方阵的规模及年龄段、加上时代和空间的要素共同作用的结果。

70 年代以前在郊区形成的不均衡的人口年龄方阵结构，到了 70 年代中后期曾因中老年女性就业人口的激增等，在各个方面对当地的区域社会产生过重大影响。而今后，其日益严重的人口老龄化问题，则事关大都市圈的社会发展的兴与衰。

（谷　谦二）

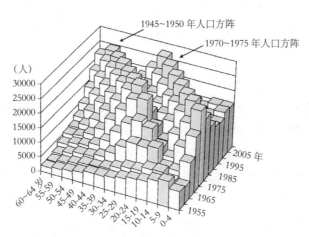

图IV.2.1　春日井市的人口年龄结构演变（笔者根据国势普查报告作成）

　　在显示不同年龄段的人口数变化的柱状图中，以5岁为一个年龄段，以5年为一个间隔进行排列，最终可得出各年龄段人口方阵的变化特征。例如，1945~1950出生的人口方阵在1955年为5~9岁，到了1975年则成为25~29岁的人口方阵，在20年中可看出迅猛的增长趋势。该分析方法也被称为出生队列分析法（cohort Analysis）。

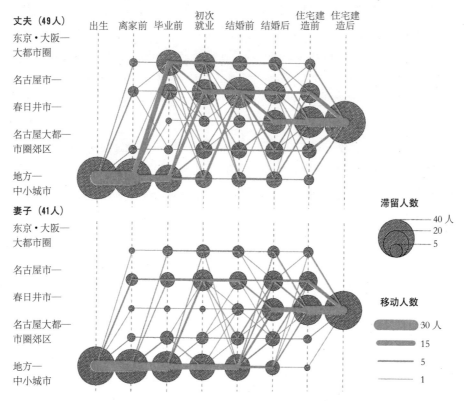

图IV.2.2　地方中小城市出生者的居住经历（笔者根据问卷调研结果作成）

　　地方中小城市的出生人口，从出生到入住高藏寺新城的独栋住宅，究竟经历了一个怎样的居住地变换过程，对此以人生重大事件为节点进行分析。"滞留人数"为人生大事件发生时居住于当地的人数。"移动人数"为人生大事件发生时在各地之间移动的人数。

IV.3 零售业布局的多样化与名古屋市中心的商业集聚度提升

大规模零售业布局模式的多样化

在 20 世纪 90 年代的名古屋大都市圈,大店法管制力度的缓和促进了零售业的郊区化进程。进入 21 世纪以后,郊区主干道沿线的新建设商业设施,以及原有商业设施的更新和业种转换均得到了较大发展,零售业的布局总体上呈现出多样化的态势。

名古屋大都市圈原来是制造业产业所占比重较大的区域,但自从 20 世纪 90 年代中后期开始,工厂大量关闭或迁到海外,在工厂搬迁旧址新落户了总营业面积超过 20000m² 的大型商业设施(表IV.3.1),购物中心的布局不仅仅局限于郊区,在中心城区也得以顺利展开。另外,在连锁专卖店积极引进深夜营业模式的店铺不断增加,以名古屋大都市圈内的连锁书店为例,在书籍销售的基础上,又增设了文具销售和 CD 影碟租赁的店面,营业时间延长至深夜 12 点。图IV.3.1 显示了位于名古屋市郊的连锁书店在不同时间段的销售状况,在深夜时段杂志和漫画的销售额仍然较高,其购买者多为前来租借 CD 影碟的客户。

在食品超市行业,精确化管理模式已开始奏效,一方面,增大各店铺的商品配送频度,保证当日配送商品的新鲜度,另一方面,保持货品充实、减少商品剩余数量。以名古屋大都市圈的某食品超市为例,90 年代在该区域一共布局了两个物流中心和两个食品加工厂,保证满足当日配送商品(面条和豆腐等)每日 2 次、加工食品等每日 1 次的店铺供给(图IV.3.2)。同时还将旗下拥有食品厂作为发展优势,积极地开发、制造和销售独自的品牌。

名古屋城市中心的商业集聚度增强

在名古屋市的城市中心地区,与从前的业种不同的店铺得到了较快发展,体现了商业集聚的魅力。图IV.3.3 展示了名古屋市中心荣地区的高级品牌店铺一览,该地区在 20 世纪 90 年代后期实施的金融业界重组过程中有多家银行关闭,其原有的租赁店面多由欧美高级奢侈品牌店铺进驻。

另外,在名古屋火车站的周边地区,高层楼宇的建造施工进展较快,百货商店和高档品牌专卖店的入驻情况较好。进入 21 世纪以后,名古屋市中心的商业集聚度进一步得到提升,扩展了名古屋城市中心地区的商业集客范围。而另一方面,同属名古屋大都市圈的商业集聚地区,岐阜市、四日市与名古屋市的商业集聚之间的竞争愈演愈烈,结果导致两市的多家百货商店关闭、商业街日渐萧条。总体而言,在名古屋大都市圈,随着名古屋市的商业集聚度快速提升,以及各城市郊区的形式多样的零售业的扩张,名古屋市以外的城市商业集聚度开始逐渐减弱并陷入了严重衰退。

(土屋　纯)

表Ⅳ.3.1　20世纪90年代以后建设的大型商业设施（资料来源：伊藤健司）

	店铺名称	所在地	开业年	店铺面积(m²)	百货商店	综合超市	大型专卖店·专业超市	综合性多厅电影院	从前的土地利用
1	JR 中央双塔	名古屋市	2000	75065	○		○		名古屋火车站大楼
2	永旺冈崎 SC	爱知县冈崎市	1995	65285	○	○			日清纺工厂
3	MALERA 岐阜	岐阜县本巢市	2006	57653			○	○	都筑纺工厂
4	永旺铃鹿 SC	三重县铃鹿市	1996	53620		○	○	○	钟纺工厂
5	麦凯乐桑名	三重县桑名市	1995	53436		○	○	○	—
6	吉之岛名古屋港 SC	名古屋市	1999	48650		○	○	○	高尔夫练习场
7	钻石城 KIRIO	爱知县一宫市	2004	48500		○	○	○	仓敷纺织工厂
8	永旺东浦 SC	爱知县东浦市	2001	46644		○	○	○	—
9	COLORFUL TOWN 岐阜	岐阜县岐阜市	2000	46283		○	○	○	丰田纺织工厂
10	永旺热田 SC	名古屋市	2002	45995		○	○	○	大同特殊钢工厂
11	APITA TOWN 稻泽	爱知县稻泽市	1996	44424		○	○	○	UNY 物流中心
12	永旺名古屋棒球馆前 SC	名古屋市	2006	42497		○	○		日本烟草产业工厂
13	永旺四日市北 SC	三重县四日市	2001	37763		○	○		—
14	永旺明和 SC	三重县明和町	2001	37320		○	○		—
15	永旺扶桑 SC	爱知县扶桑市	2003	36094		○	○		SUN FINE
16	三好町 SC（I-Mall）	爱知县三好町	2000	35826		○	○	○	
17	WONDER CITY21	名古屋市	1994	31771		○	○	○	爱知纺织工厂
18	GRAND PARC	爱知县长久手町	2000	29994		○	○		中部日本传媒公司住宅展示场
19	POWER-DOME 半田	爱知县半田市	1990	29765			○		山田纺织工厂
20	春日井 SATY	爱知县春日井市	1999	29735		○	○		仓敷毛纺工厂

时间：1990 年 1 月~2006 年 4 月

永旺冈崎 SC 为 2000 年扩建以后的数据，APITA TOWN 稻泽为 2000 年扩建以后的数据。资料来源：笔者根据东洋经济新闻社《全国大型小壳店总览》（2007 年版）作成。

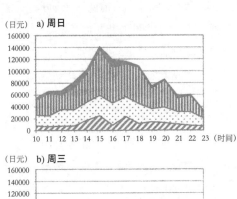

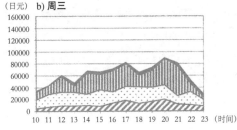

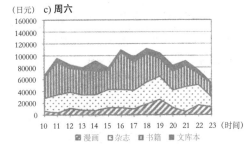

图Ⅳ.3.1　连锁书店的不同时间段的销售业绩（2000年）
（资料来源：土屋纯）

2001 年 10 月 1 日（周日），4 日（周三），7 日（周六）的销售业绩。

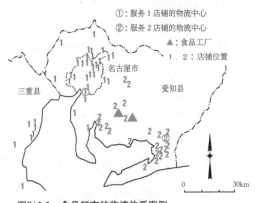

图Ⅳ.3.2　食品超市的物流体系案例
（1995年）（资料来源：土屋纯）

①：服务 1 店铺的物流中心
②：服务 2 店铺的物流中心
▲：食品工厂
1・2：店铺位置

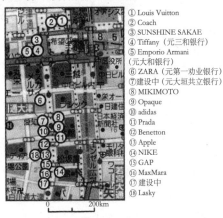

① Louis Vuitton
② Coach
③ SUNSHINE SAKAE
④ Tiffany（元三和银行）
⑤ Emporio Armani（元大和银行）
⑥ ZARA（元第一劝业银行）
⑦ 建设中（元大垣共立银行）
⑧ MIKIMOTO
⑨ Opaque
⑩ adidas
⑪ Prada
⑫ Benetton
⑬ Apple
⑭ NIKE
⑮ GAP
⑯ MaxMara
⑰ 建设中
⑱ Lasky

图Ⅳ.3.3　名古屋市中心荣地区的高级品牌店铺布局
（出处：林上，名古屋都市中心，2005 年，New Letter，Vol. 64）

Ⅳ.4 仙台大都市圈的区域空间结构

仙台大都市圈的地理概况与历史演进

如图Ⅳ.4.1所示，仙台市及周边区域的地形大致可分为山地、丘陵地、台地、冲积平原。现在城区的西半部分坐落在丘陵、台地上。仙台市中心城区的起源，需追溯到1601年伊达政宗在高位段丘（青叶山段丘）东端修筑的青叶城，其城下町主要是沿广濑川左岸在河岸段丘上规划建设。从明治维新开始到20世纪50年代，中心城区的范围仍仅限于该段丘上和周边的丘陵，以及一部分冲积平原。上述丘陵、河岸段丘与冲积平原之间的边界主体是长町～利府一线活断层，从长町～利府一线到仙台湾之间的冲积平原即为仙台平原。仙台平原上的七北田川、名取川及其支流广濑川和阿武隈川的沿岸自然河堤，形成了与海岸线平行的数列滩脊，一些农业聚落位于这些自然河堤和滩脊之上，其农业用地以旱田利用为主。

田边（1979）将日本的城下町区域空间结构归纳为图Ⅳ.4.2a所示的代表模式。该市的商人地区相当于其他城市的中心商业街，其范围包括大町、南町、国分町。寺院主要分布在北部的北山地区和东部的连坊地区，与城下町的道路出入口相邻。另外，由于仙台的城郭（青叶城）位于城下町西侧的高位段丘上，因此，上级武士的宅邸群在城下町西部沿广濑川展开布局。明治维新以后，原来的武士居住区，除了因少数士族人口外迁导致部分宅基地空置以外，中下级武士居住区基本上仍以居住用地的形式存续至今，还有一部分上级武士的宅邸用地演变成了大学、公园和政府办公机构的公用地。

围绕轨道交通枢纽对旧城下町的城市空间结构的影响，田边（1979）将城下町时代的城市中心与轨道交通枢纽的位置关系归纳为4种类型（图Ⅳ.4.2b），仙台与其中的Ⅰ类型的特征相吻合。然而，自从城下町时代开始，青叶城的城郭就处于仙台的城市边缘地带，后来其统治功能的消失，乃至转化为公共用地对于城市结构整体所产生的影响也甚小，因此，该市的地理中心在明治维新以后也未发生较大移动。尽管仙台火车站位于城市的东部，但是由公共汽车、轻轨电车，以及后来围绕地铁设计的公共交通网络仍然以旧城下町为中心布局，后来随着中心商业街的东扩，才使城市中心稍向东面（火车站方向）位移。

仙台大都市圈的区域空间结构

仙台市是宫城县的行政中心，分别于1987年、1988年、1989年同宫城町、泉市、秋保町合并，并成为政令指定城市，开始正式设区。图Ⅳ.4.3a、图Ⅳ.4.3b显示了1975~1995年以仙台市为目的地的通勤率的空间分布变化。总体来看，仙台市南部（仙南地区）的通勤·通学率未发生明显变化，而从北部（仙北地区）的大多数市町村前往仙台的通勤·通学率都出现了大幅增长，按照大都市圈的3%通勤·通学率的下限标准，满足该条件的市町村已经扩展到了同岩手县相邻的县界所在地。如图Ⅳ.4.3c的昼夜间人口比所示，在宫城县北部有一些市町村的昼间人口超过了夜间人口，同时又有非常多的市町村的昼间人口低于夜间人口，一方面体现了仙台市作为就业中心地的强大其引力，另一方面也反映了以仙台市为中心中的大都市圈内的城镇分布层次。在宫城县，人口分布和通勤·通学方式的变化取决于同中心城市仙台市的关系，距离仙

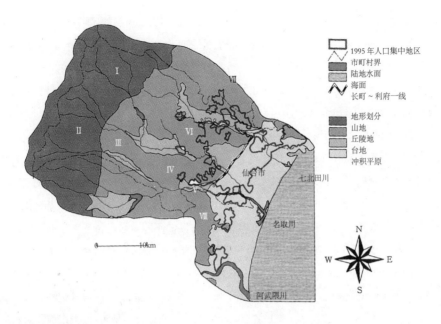

图Ⅳ.4.1　仙台大都市圈的地形（根据仙台市史编纂委员会1994年资料，笔者修改、补充）

Ⅰ：船形连峰，Ⅱ：二口连峰，Ⅲ：本砂金丘陵，Ⅳ：茂庭～白泽丘陵，Ⅴ：青叶山丘陵，

Ⅵ：七北田丘陵；Ⅶ：富谷丘陵，Ⅷ：高馆丘陵。

注）长町～利府一线：平均垂直变位速度为0.5mm/年的B级活动度的断层（出处：田中等，

1976）。长町～利府一线以东的城市土地利用主要为天然堤防和海堤冲沟。以20世纪60

年代开始的仙台辅路和物流产业园建设为契机，城市化进展进一步波及到了泥炭含量较

高的松软地基的地区，导致后来的地面沉降、洪涝、地震等灾害的影响面扩大。

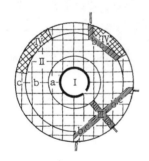

图Ⅳ.4.2a　城下町的区域空间结构

（出处：田边，1979）

Ⅰ：城郭地区，Ⅱ：武士居住区，

（a: 上级，b: 中级，c: 下级）

Ⅲ：商人地区，（a: 特权，b: 非特权，

c: 匠人町），Ⅳ：寺院地区。

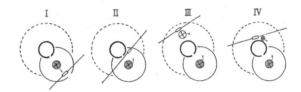

图Ⅳ.4.2b　火车站与区域空间结构（出处：田边，1979）

注）虚线圆为过去城下町的范围，实线圆为铁路开通之前

的城区范围，图中十字标记为城市中心的位置，Ⅲ、Ⅳ

示意图为在火车站附近出现第二个城市核心的区域空

间结构。

台城市中心越近，人口数量递增越明显。与仙台大都市圈毗邻的石卷市都市圈、山形市都市圈、福岛市都市圈均为仙台大都市圈的下位都市圈，尚不能对仙台大都市圈的区域空间结构形成影响。近年，仙台大都市圈的另一明显趋势是，来自距离仙台较远的市町村，尤其是宫崎县以外城镇的就业人口流入迅速增加，这些城镇虽然并非专为仙台的通勤人口建设的郊外居住区，但是通过利用普通电车、新干线、高速大巴和私家车等交通工具，仍然有效地保持了以仙台市为中心的通勤·通学率稳定增长。

仙台市的城市内部空间的同心圆结构和扇状结构

仙台大都市圈涵盖了宫城县 72% 的市町村，同时也包括福岛县的一部分市町村。以仙台市为目的地的通勤·通学率随着与城市中心距离增大而迅速递减，专为仙台的通勤人口规划建设的郊外居住区，均分布在距离仙台城市中心 20km 以内的范围。因此，在仙台大都市圈内部空间结构上，随着从仙台城市中心向外延伸的距离、方向的不同，居民特征等发展变化的范围应仅限于仙台市和临近的市町村。笔者通过内部空间结构的分析，对仙台大都市圈的同心圆结构、扇状结构的特征进行了考证，所使用的资料是以国势普查统计区为单位，对 1995 年国势普查结果进行的分类统计，仙台市被划分成 86 个统计区。选取上述国势普查统计区中有关人口结构、家庭结构、住宅水准、产业结构、职业构成、通勤目的地等 26 个指标，进行因子生态分析后，最终从中抽取了 6 个说明性最强的因子。

在各个主要因子中，如图Ⅳ.4.4a 和Ⅳ.4.4b 所示，第 1 因子为城市中心低，郊区高的同心圆状得分布局；第 2 因子为东部、东南部低，北部、西北部高的扇状得分布局；第 3 因子虽然也显示出了同心圆状的得分布局，但特征不及前两种因子清晰可辨。采用方差最大变异数法 Varimax Method 进行直交旋转后的因子得分行列分布显示，在第 1 因子中"平均每个家庭拥有的房间数"、"平均家庭人口"和"私房拥有率"等变量为较高正值，"独身家庭"为较高负值，可定义为"家庭规模因子"；在第 2 因子中"服务业"、"专业技术职业"为较高正值，"制造业"、"运输·通信业"和"体力劳动职业"为较高负值，可定义为"白领因子"；在第 3 因子中"老年人口指数"、"老龄单身家庭率"和"失业率"等为较高正值，"人口增减率"为较高负值，应命名为"老龄化因子"。总体而言，代表家庭结构的因子在仙台大都市圈的地域空间呈同心圆状分布，而代表社会经济层次的因子呈扇状分布，这与北美城市的分析结构是一致的。

如前文所述，仙台市内以长町～利府为界，东南部为冲积平原，西北部为台地、丘陵和山地，制造业和运输·通信业的公司多分布在冲积平原上。这一特征已在第 2 因子的得分布局上有所反应，即很少有白领阶层的人居住冲积平原上的城区。

在仙台大都市圈的区域空间结构中，通勤·通学率随着距离仙台城市中心的远近变化而改变，在大都市圈的北部，仙台市的吸引力比以往更为强大。仙台市域内的居民家庭的社会经济地位，在区域空间分布上也呈同心圆状展开。另外，受到地形因素的影响，仙台市的居民在所从事的职业和所属产业上呈现出明显的东西差异。

（阿部　隆）

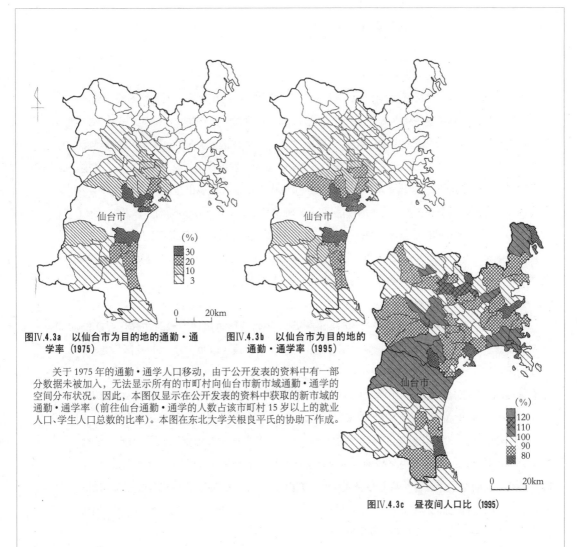

图Ⅳ.4.3a 以仙台市为目的地的通勤・通
学率（1975）

图Ⅳ.4.3b 以仙台市为目的地的
通勤・通学率（1995）

关于 1975 年的通勤・通学人口移动，由于公开发表的资料中有一部
分数据未被加入，无法显示所有的市町村向仙台市新市域通勤・通学的
空间分布状况。因此，本图仅显示在公开发表的资料中获取的新市域的
通勤・通学率（前往仙台通勤・通学的人数占该市町村 15 岁以上的就业
人口、学生人口总数的比率）。本图在东北大学关根良平氏的协助下作成。

图Ⅳ.4.3c 昼夜间人口比（1995）

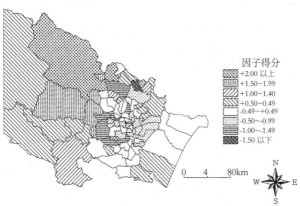

图Ⅳ.4.4a 第1因子的因子得分

图Ⅳ.4.4b 第2因子的因子得分

IV.5 广岛大都市圈的居住区开发

广岛市郊区的居住区开发

广岛大都市圈的居住区开发,始于 20 世纪 60 年代广岛市西区和东区等旧城区的周边地区,在七八十年代扩张到了安佐南区等距离城市中心 10~20km 的圈层,并进一步延伸至安佐北区、廿日市市、东广岛市等更远的区域。此后,与外围区域的居住区开发同步,在中心城区周边已开发的大型居住区之间,见缝插针的后续大规模居住区的开发也稳步展开(图IV.5.1)。其中,规划面积为 4570 公顷的"西风新都"是广岛大都市圈中规模最大的城市开发项目,在 1994 年曾作为亚运会的运动员村使用,是由中高层住宅、独栋住宅、大学·研究机构,以及物流·工业设施等构成的城市复合功能区。然而,从广岛市中心出发途经安川流域的大型居住区,一直到西风新都,仅开通了广岛新交通 1 号线(Astram Line),其余的道路、轨道交通设施建设均滞后于上述的居住区开发,招致了十分严重的交通拥堵问题。

大型郊外居住区的成熟

郊外的大型居住区通常是在较短的时间内售罄,销售价格与居住面积的多样化程度低,居民的年龄结构和收入水平的单一倾向度极高,因此,大多成为高度同质性的社区。在早期开发的居住区,当初入住的儿童现已经步入人生自立的转折期,家中只剩下父母居住的情况非常普遍。当年新建的小学、中学校的学生人数急剧减少,有严重的甚至在校生人数已不及原来的一半。另外,在居民总人口中 65 岁以上的老龄人群已超过半数的居住区正逐年增加(图IV.5.2),与此同时,50 岁年龄段的人群占据总人口一半以上的居住区也大量存在,由此可预见,大型郊外居住区即将迎来更为严峻的老龄化社会。目前,大型居住区内的各类社区活动的内容日益充实,而其中存在的问题主要表现在两个方面:其一,是居住区内的老年俱乐部与附近农村的老年俱乐部之间交流较少;其二,是在同一居住区内较难形成核心的凝聚力,在一个社区中多个性质相近的俱乐部并存的现象并不少见。

城区内部的更新改造

依据《广岛和平纪念都市建设法》(1949 年),广岛市启动了第二次世界大战灾后复苏的工程,开始对城市进行重建。根据该法,基町地区在位于广岛城以西被称作"原子弹爆炸贫民窟"的地区实施了住宅更新项目,接纳了大量战争受灾和原子弹爆炸受灾人口,并在住宅更新项目区之外的剩余用地上建设了成片的高层公租住宅。现在,基町地区高层公租住宅的居民正处于快速老龄化阶段,老龄夫妇和单身老龄人口的家庭所占比率非常高(图IV.5.3)。这类主城区内部的公租房因为具有交通便捷、租金低廉的特点,不但利于住户长期居住,而且还吸引着其他老年人迁入,所以致使该地区的人口老龄化更为严峻。而在交通条件相对较差的郊区公租住宅区,年轻家庭的进出频度高,老龄化进程并不明显(图IV.5.4)。

(由井义通)

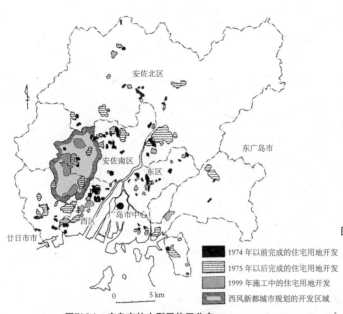

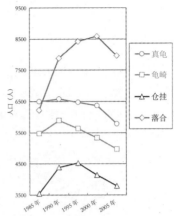

图IV.5.2 高阳新城各片区的人口变化
（资料来源：国势普查）

图IV.5.1 广岛市的大型居住区分布
（分析对象为规模在5hm²以上的居住区，笔者根据广岛市城市建设公社1999年的资料作成）

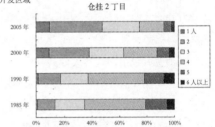

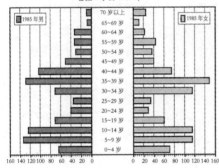

图IV.5.4 高阳新城（仓挂2丁目）的家庭人员结构变化
（资料来源：根据国势普查的数据作成）

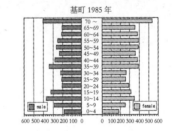

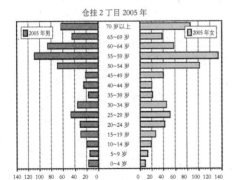

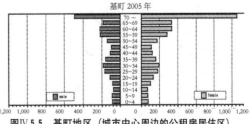

图IV.5.3 高阳新城（仓挂2丁目）的不同年龄段人口结构的演变（单位：人）
（资料来源：根据国势普查的数据作成）

图IV.5.5 基町地区（城市中心周边的公租房居住区）的不同年龄段人口结构的演变（单位：人）

IV.6　福冈大都市圈的成长与国际化

福冈大都市圈的成长

福冈大都市圈的中心城市福冈市位于日本九州岛的福冈县，于 1972 年 4 月成为九州地区的第二座政令指定城市，稍晚于 1963 年由 5 座城市合并而成的百万人口城市——北九州市。但是，位于北九州工业地带中心的北九州市，从 20 世纪 70 年代末开始，产业发展长期陷入低迷状态，人口增长停顿。而与之相对，福冈市的发展道路则显得更为顺畅，目前已发展成为在经济、信息、文化等主要领域能够辐射整个九州岛的区域中心都市。福冈市的总人口数在 1970 年为 85 万，在 1980 年增长达到 108 万人并超过了北九州市，到了 2005 年已经增至 140 万。北九州·福冈大都市圈的总人口数在 1995 年以前还保持着与福冈市同步的增长速度，但近年仅有福冈市依然保持着人口增加的趋势。在福冈市的人口结构特征上，第三产业就业人口和青年人口的比率较高，在日本国内被称为"有活力的城市"，受到广泛关注。

令人目不暇接的商业空间扩张

福冈市在 2007 年的零售业销售额为 5 兆 3562 亿日元，占九州地区总量的 40.3%，批发业销售额为 16 兆 7702 亿日元，占九州地区总量的 62.5%，在九州地区的经济比重中拥有压倒性的优势。在福冈大都市圈，近年营业面积在 10000m² 以上的特大型商场（Megastore）超过了 54 家，其消费者吸引圈远达大分县、佐贺县、长崎县和熊本县等周边的广阔区域。据某银行机构实施的年轻人消费动向调查的结果显示，近年上述各县的年轻人每年前往福冈市的次数平均超过了 6 次，大大地提高了各县与福冈城市中心之间的高速大巴运营频率，并促使九州铁路客运公司（JR）为与大巴抗衡而专门推出了周六、日的打折车票。福冈市中心的天神地区及其周边区域，自从 1996 年博多运河城（Canal City Hakata）建成后，福冈三越、博多河畔（现在的 Eeny Meeny Miny Mo）等百货商店、大型商业综合体设施的建设如雨后春笋般涌现，引发了自 20 世纪 70 年代中期、80 年代末期之后的第三次轰动全国的商业大战。随着 2011 年春季的九州新干线全线开通和新博多火车站的建成，新一轮大规模商业设施的布局和建设在博多火车站地区全面铺开。

与开放的亚洲国家之间的经济·文化交流

九洲位于日本的西端，自古以来和大陆保持着密切的联系，近年同韩国、中国以及中国台湾等东亚国家或地区之间的交流迅速扩大。以进出口额、出入境旅客人数等指标进行考量的亚洲度（在总的统计量中亚洲部分所占比率）来看，九州大大超出了全日本的平均值，而福冈大都市圈正处于其核心位置。譬如，九洲的企业向海外扩展的目的地多半为亚洲国家或地区，到 2009 年为止，总共有 7 个国家的 17 个城市与福冈国际机场缔结了定期国际航线，其中，除关岛以外均为亚洲国家的城市。另外，福冈国际机场、博多港的出入境旅客人数在 2007 年分别为 224 万人和 84 万人，近年尤以博多港的旅客人数增长最为迅猛。福冈县下共有 9 个市町同中国、韩国的 12 个城市缔结了姊妹城市关系，在福冈市的地铁设施里随处可见由英文、中文、韩文标注的诸如"小心关门"一类的公益广告，国际化已成为贴近市民日常生活的重要组成部分。

（石黑正纪）

表Ⅳ.6.1 北九州·福冈大都市圈的人口变化（资料来源：《国勢調査·大都市圏の人口》，单位：人）

年度	北九州·福冈大都市圈	北九州市	福冈市	周边市町村
1970	4088610	1042321	853270	2193019
1975	4638907（13.5）	1058058（1.5）	1002201（17.5）	2578648（17.6）
1980	4730261（2.0）	1065078（0.7）	1088588（8.6）	2576595（−0.1）
1985	4973770（5.1）	1056402（−0.8）	1160440（6.6）	2756928（7.0）
1990	5285236（6.3）	1026455（−2.8）	1237062（6.6）	3021719（9.6）
1995	5458947（3.3）	1019598（−0.7）	1284795（3.9）	3154554（4.4）
2000	5563406（1.9）	1011471（−0.8）	1341470（4.4）	3210464（1.8）
2005	5590947（0.5）	993525（−1.8）	1401279（4.5）	3195574（−0.5）

（括号内为增加率，单位为%）

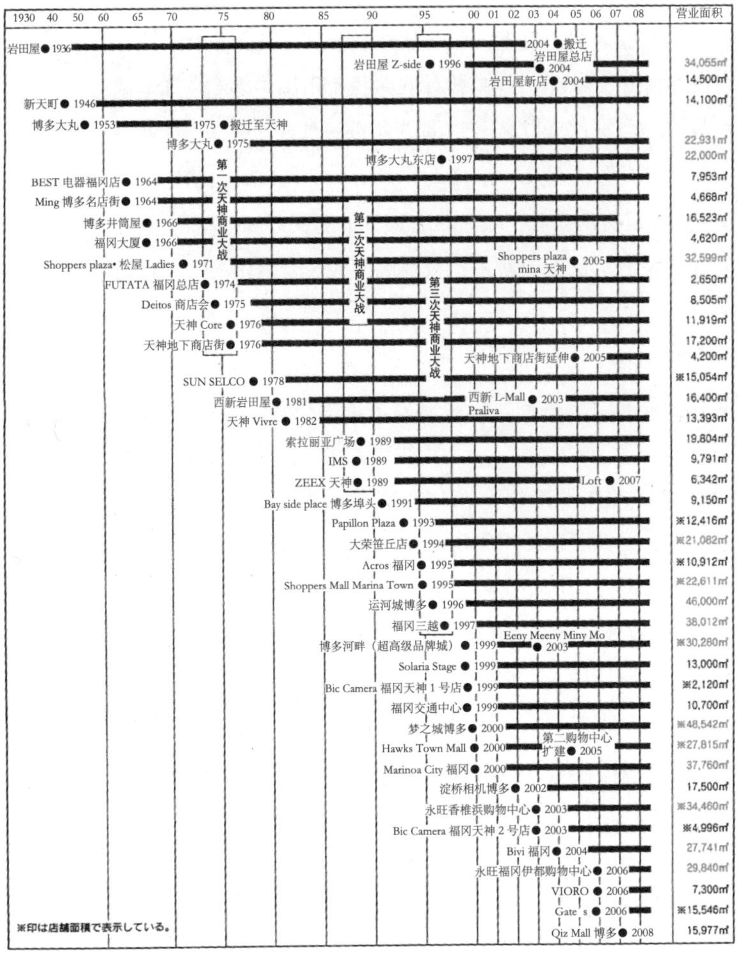

图Ⅳ.6.1 福冈市主要商业设施的变迁
（出处：西日本新闻社，2009）
注）蓝色数字为20000m²以上。

表Ⅳ.6.2 福冈市和其他城市的高速大巴运营班次
（资料来源：笔者根据运营时刻表、网站公开的资料作成）

城市名	2000年7月	2009年10月
直方	28往返	26往返
行桥	14往返	20往返
佐贺	32往返	49往返
唐津	8往返	35往返
长崎	41往返	50往返
佐世保	26往返	42往返
熊本	48往返	100往返
大分	50往返	68往返
日田	41往返	50往返
宫崎	24往返	24往返
鹿儿岛	23往返	24往返

表Ⅳ.6.3 出入境人数的变化（人）

	年度	入境人数	出境人数	合计
福冈国际机场	1985	355317	300405	655722
	1990	769573	708154	1477727
	1995	1169994	1140563	2310577
	2000	1226592	1214198	2440790
	2001	1105250	1081740	2186990
	2002	1114031	1106563	2220594
	2003	849709	845972	1695681
	2004	1086769	1082574	2169343
	2005	1101100	1108854	2209954
	2006	1099833	1106383	2206216
	2007	1118257	1129037	2247294
博多港	1985	2508	2708	5216
	1990	5782	5517	11299
	1995	74032	81095	155127
	2000	169282	199755	369037
	2001	230383	221844	452227
	2002	241810	245564	487374
	2003	250406	254281	504687
	2004	328198	330292	658490
	2005	340241	339153	679394
	2006	376070	375209	751279
	2007	423288	420906	844194

（资料来源：出入境管理统计年报）

Ⅳ.7　金泽都市圈的空间结构

本书所指的金泽都市圈由北陆的中心城市金泽及其周边的1市4町构成。1995年的国势普查结果显示该都市圈的人口约为60万人，其所处的地形大致可分为两大部分，其中东南部分为台地、丘陵，而日本海沿岸的西北部分为冲积平原。如图Ⅳ.7.2所示，金泽市的中心城区位于中央蓝点最为集中的区域。

笔者根据居民出行调查（person-trip-survey）（1984年10月实施）结果等资料和数据，从多个视角对金泽都市圈的空间结构进行了分析。金泽都市圈作为一个区域性的地方核心都市圈，与多核心化的大都市圈或者区域分散化的地方小城市相比，恰恰更适合采用城市地理学教科书上的都市圈内部结构模型来进行验证，而且其地形、交通网等影响因素易于辨识，因此，可以说是分析城市内部空间结构的绝佳案例。

同质区域空间结构——居住的区域分散化

通常，城市的居住区域空间结构会根据居民的社会、经济属性而逐渐分化为扇状，或依照人生周期而逐渐演进成同心圆状（高桥等，1997），这些规律在金泽都市圈中得到了非常清晰的体现。通过观察社会·经济属性中的职业分布可知，公司职员主要居住在从金泽市中心往东、南方向的区域，销售行业从业者主要居住在从市中心向北、西方向的区域，扇状区域之间的差异十分明显（图Ⅳ.7.1）。从人生周期的角度看，城市中心地区的居民以65岁以上的人群为主；在城市外围区域，5~14岁年龄段的居民人口所占比重最高。人口老龄化的同心圆结构非常清晰（图Ⅳ.7.2）。

极化区域空间结构——日常生活圈

金泽都市圈不仅仅是一个独立的生活圈，在其内部还可划分出多个不同层次的生活圈，越接近城市中心，空间层次越明显（图Ⅳ.7.3，图Ⅳ.7.4）。从最低级别的圈层到高级别的圈层不断融合的过程中，各个生活圈要么沿主要道路呈多核形态，要么以市町为单位分布。第4圈层分别为松任市生活圈和其他两个生活圈，后两者以犀川和浅野川为界，分别位于金泽市中心城区的南北两侧。另外，关于上述各生活圈内的居民出行目的，属于购物、社交的出行主要发生于低层次的生活圈，通勤、业务往来等外出行动在高层次的生活圈中所占比率更大。

从时间和心理地图看空间结构

在金泽市的时间地图上（Time-Distance Map），来自地形和交通网的影响非常明显。位于台地·丘陵地区的地点沿着山谷低洼地向平原移动，在有国道和高速公路经过的平原地区自南北向中央收缩（图Ⅳ.7.5）。上述偏移在心里地图上也同样明显，以大学生为主体描绘出的金泽市中心城区的心理地图，和实际的地图相比发生了逆时针旋转（图Ⅳ.7.6），这主要缘于围绕城下町城郭而形成的复杂的中心城区空间结构，诱使人们将犀川、浅野川误认为是正东西走向的河流，同样也误认为与其相交的铁路、主干道是沿南北方向延伸的，于是基于河川、道路的中心城区的认知就此形成。

（伊藤　悟）

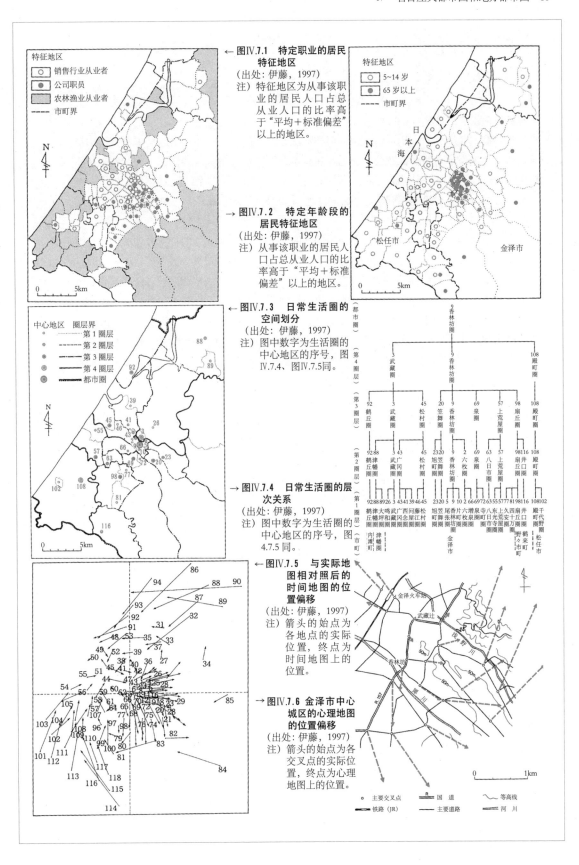

← 图Ⅳ.7.1　特定职业的居民
　　　　　特征地区
（出处：伊藤，1997）
注）特征地区为从事该职
　　业的居民人口占总
　　从业人口的比率高
　　于"平均＋标准偏差"
　　以上的地区。

→ 图Ⅳ.7.2　特定年龄段的
　　　　　居民特征地区
（出处：伊藤，1997）
注）从事该职业的居民人
　　口占总从业人口的比
　　率高于"平均＋标准
　　偏差"以上的地区。

← 图Ⅳ.7.3　日常生活圈的
　　　　　空间划分
（出处：伊藤，1997）
注）图中数字为生活圈的
　　中心地区的序号，图
　　Ⅳ.7.4、图Ⅳ.7.5同。

→ 图Ⅳ.7.4　日常生活圈的层
　　　　　次关系
（出处：伊藤，1997）
注）图中数字为生活圈的
　　中心地区的序号，图
　　4.7.5同。

← 图Ⅳ.7.5　与实际地
　　　　　图相对照后的
　　　　　时间地图的位
　　　　　置偏移
（出处：伊藤，1997）
注）箭头的始点为
　　各地点的实际
　　位置，终点为
　　时间地图上的
　　位置。

→ 图Ⅳ.7.6　金泽市中心
　　　　　城区的心理地图
　　　　　的位置偏移
（出处：伊藤，1997）
注）箭头的始点为各
　　交叉点的实际位
　　置，终点为心理
　　地图上的位置。

Ⅳ.8　地方都市圈的商业空间布局与亟待解决的问题

私家车依赖程度日益增加的地方城市的商业环境

高速经济增长期以后，激增的城市人口和汽车普及化的进展，使日本的城市空间结构形成了两极分化的发展道路。即在公共交通网完整覆盖的大都市及其近郊区，以火车站为核心的极化区域很容易形成较为紧凑的城区；而在地方的中小城市，一方面郊区住宅的价格十分低廉，另一方面公共交通设施不健全，因此，生活方式严重依赖私家车，形成了低密度松散型的城区（图Ⅳ.8.1）。

长期处于 1974 年颁布的大店法的严格限制下的大型商业店铺，在 1990 年该法废止后开始向郊区积极地扩张，以驾驶私家车的顾客为服务对象的沿路型商业设施、大型购物中心的数量迅速增加（图Ⅳ.8.2）。上述势头在地方城市表现得最为突出，当地消费活动的舞台逐渐向郊区大型商业店铺转移，结果导致中心城区的商业街销售业绩下滑，开始出现空置的门面或者商业设施被变更为其他用途，这也成了地方城市的中心城区衰退的象征。致使旧城商业街衰退的原因，既有郊区开发等外在的因素，也有中心城区人口减少、商业街吸引力减弱等内在的因素。中心城区的衰退现象，在公共交通网络较为脆弱的地方中小城市，特别是规模在 20~30 万人以下的城市表现得最为激烈（山川，2004）。

零售业郊区化问题

以大型店铺等为主的郊区型商业集聚，大多分布在公共交通网未能覆盖的地区，并以全国连锁的量贩式 KTV、餐饮店等设施为主。与此同时，在公共交通网的便捷性较弱的地方城市，以私家车的使用作为布局前提的店铺还要面对人口极端老龄化社会演进的现实，无法自由驾驶汽车的老年人以及残疾人群体在生活移动上困难重重，他们面临着自身的新鲜食材供给体系崩溃（Food Deserts Issues）和成为购物难民的危险。另外，上述连锁式店铺在商品结构、店内空间布局和店铺外观上的同质化，也让地方中小城市郊区原有的特色在逐渐消退，演化为一个个克隆城市。

中心城区复兴策略

为了对抗商业设施在郊区的扩张式布局，中心城区的商业街在 1998 年的中心城区复兴法颁布施行后，在该法的框架下开始了谋求自主复兴的各项努力，但是由于向郊区扩张的大型店铺过多而显得效果依旧不明显。尽管如此，近年还是有一些举措成功地吸引了消费者的目光。一些商业街在日常消费群体被郊区大型店铺夺走以后，通过颇具个性的社区规划设计获得了良好的商业效果。譬如，鸟取县境港市在面临衰退窘境的商业街上摆放了 133 座名为"怪怪怪的鬼太郎"的妖怪铜像，并新开张了一些与之相关的店铺，现在每年吸引来的游客数超过了 170 万人（照片Ⅳ.8.1）。也是在鸟取县，仓吉市深入发掘了当地的传统资源，将红瓦白墙的传统仓库建筑群和昭和怀旧商业街的打造等项目，纳入到了老城商业街的复兴建设工程中（照片Ⅳ.8.2）。大型商业店铺在郊区的过度扩张，让老商业街仅仅想凭借原有的功能来实现复兴变得困难，所以上述的地区资源活用正在成为城市中心商业街复兴的有效策略之一。除此之外，随着 2009 年区域商业街复兴法的正式颁布，旧城商业街的区域社区交往平台的功能，在中心城区商业街的复兴道路上被寄予厚望。

（山下博树）

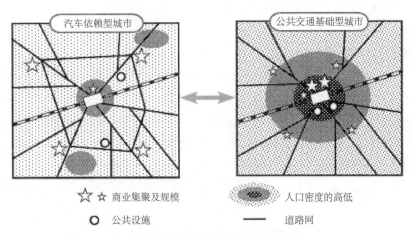

图IV.8.1　汽车依赖型城市与公共交通基础型城市的示意
（出处：山下，2008，笔者作成）

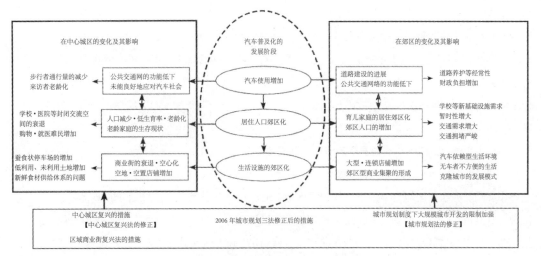

图IV.8.2　地方中小城市向汽车依赖型城市发展的过程
（笔者作成）

照片IV.8.1　游客行走在镜港市水木繁茂路
（2007年10月，笔者拍摄）

照片IV.8.2　灵活地利用红瓦白墙传统仓库建筑群的仓吉市
中心商业街（2009年10月，笔者拍摄）

IV.9　高松都市圈的商业与城市规划

城市规划三法的设立与修正

日本于 1974 年颁布的《大店法》致力于调整大规模零售店铺的零售业务活动，协调超市、百货店及中小零售商业店铺的业务范围，保护了中心城区商业街的发展。然而，自从 1989~1990 年的美日结构性障碍协议 Structural Impediments Initiative (SII) 向该法提出放宽限制的要求以后，原有的法律限制开始逐步松绑，大型商业店铺的郊区布局全面展开，而与之相应的中心城区则开始迅速衰退。

1998 年以后，新颁布的"城市规划三法"分别做出规定，促进中心城区的复兴，通过城市规划的手段限制大型商业店铺的布局（图IV.9.1）。在此之后，针对大型商业店铺布局的城市规划制度得到了进一步的充实，包括特定用途限制区域等的创建，以及有关区域划分制度的都道府县选择制的适用等举措。但是，《中心城区复兴法》框架下的措施和项目实施未能成功地阻止中心城区衰退的步伐，另外，城市规划制度也没能得到良好地运用，大型商业店铺的数量激增以及郊区化进程都未能得到有效的抑制。在上述背景下，2006 年《中心城区复兴法》和《城市规划法》被修正，前者中有关城市功能集聚、促进老城区居住环境更新、对增强商业活力的援助等内容得到进一步扩充，后者规定对中心城区具有较大影响的、营业面积在 10000m² 以上的"大规模客流集聚设施"，应限定在邻里商业区域、商业区域、准工业区域进行布局（图IV.9.2）。

高松市大型商业店铺布局的发展趋势和限制规定

香川县的高松市（2009 年人口为 42.7 万）在 2004 年废止了上述区域划分，在近似政令指定都市（须义务执行区域划分制度）的中级区域核心城市中，是唯一非区域划分的城市规划区域，其城市化调整区域变更为特定用地功能限制区域和城市规划白地区域。与此同时，高松市制定了中心城区复兴总体规划，在准工业区域划定了限制大规模客流集聚设施布局的特别用地功能区（2007 年 11 月）。2006 年 10 月的数据显示，该市的大型商业店铺布局特征主要表现为：向以居住、工业为主的用地功能区的扩张明显，店铺平均的占地面积增大，在准工业区域等功能区内营业面积超过 10000m² 的店铺数量实现了增长等（图IV.9.3）。

致力于中心城区复兴的高松市，在中心城区严格限制营业面积超过 1 万 m² 的店铺布局，营业面积不足 10000m² 的店铺可以在第 2 种居住区域、准工业区域，以及特定用地功能限制区域的主路沿线进行布局。但是在大型商业店铺郊区化的背景下，废止区域划分制度，广泛允许营业面积不足 10000m² 的店铺展开布局，当店铺数量增加到一定程度后，对中心城区复兴的负面影响也会随之增大。

（荒木俊之）

城市规划三法		
法律（通称）　大规模零售业店铺布局法	中心城区复兴法	（修正版）城市规划法
主旨　区域生活环境的保护	支持以中心城区复兴为目的的商业、城市基础设施建设	根据本地实际情况，可实行详细规定的功能区划方法的实施
内容　以营业面积超过 10000m² 的店铺为对象，对噪音、废弃物处理、交通拥堵、交通安全、机动车•自行车停防设施等进行审查 譬如，右•左转车道和货物装卸点的修建，交通管理人员的安排，货物配送时刻表等防止对区域生活环境产生阻碍的考虑	利用日本政府的 13 个中央行政部门联合展开的"补助"、"融资"、"税制优惠措施"，以 TMO（城镇管理机构）为核心开展产业振兴的项目 空置店面•空地的灵活使用，机动车•自行车停放设施的建设，景观建设，商业街促销活动的实施	1998 年修正（特别用地功能区的补充），2000年修正（特定用地功能限制区域、准城市规划区域的创设，区域划分选择制的施行等） 当有必要限制大型商业店铺在郊区布局时，灵活运用这些城市规划制度
施行　2000 年 6 月	1998 年 7 月	1998 年 11 月，2001 年 5 月

法律（通称）　大规模零售业店铺法	（修正）中心城区复兴法	（修正）城市规划法
主旨　保护普通零售业者	增强中心城区的城市功能和扩充对经济活力的支持力度	强化对大规模客流集聚设施的限制
内容　对营业面积超过 500m² 的店铺，要求就营业面积、营业日期、闭店时间、休业天数等，与当地商业街进行调整 •限制开业时缩减营业面积等企业活动 •对先开业的企业赋予"先行者优先权"在 1994 年将营业面积的下限提高至1000m² 以上，放宽闭店时间、开业天数的限制	设定基本理念以及国家、地方自治体的责任划分，确立面向市町村编制的"总体规划"国家认定制度，创建中心城区复兴总部等，实行由国家进行"选择•集中"的措施 大力拓宽对促进城市功能集聚，推进安居环境建设，振兴商业等的援助	规定许可大规模客流集聚设施（营业面积在 1万 m² 以上的店铺、电影院、游乐设施等）布局的用地功能区域从 6 个限定至 3 个，而在非区域划分城市规划区域和准城市规划区域内的白地区域，原则上不许可布局 根据本地实际情况，在必要时从强化布局限制框架转向缓和框架
施行　1974 年	2006 年 8 月	2007 年 11 月

图Ⅳ.9.1　大店法废止与城市规划三法的制定及修正（出处：山下，2001，笔者修改）

用地功能区域等			修正前	修正后
用地功能区域	居住用途	第 1 种低层居住专用区域	营业面积不可超过 50m²	同左
		第 2 种低层居住专用区域	营业面积不可超过 150m²	
		第 1 种中高层居住专用区域	营业面积不可超过 500m²	
		第 2 种中高层居住专用区域	营业面积不可超过 1500m²	
		第 1 种居住区域	营业面积不可超过 3000m²	
		第 2 种居住区域 / 准居住区域	无限制	大规模客流集聚设施的布局，在用地功能区域变更后，或地区详细规划已规定放宽用地功能限制的前提下，则许可无限制 （※）
	工业用途	工业区域		
	商业用途	邻里商业区域 / 商业区域	须变更用地功能区域或按照地区详细规划的规定	同左
	工业用途	准工业区域		
		工业专用区域	原则上不许可 但如果是有规划的大规模开发，则许可	包括大规模开发，原则上不许可 已编制地区详细规划的，如满足条件，许可
	城市化调整区域			
	非区域划分的城市规划区域•准城市规划区域内的白地区域		无限制	大规模客流集聚设施，按照用地功能区域的规定可以布局 另外，在属于非区域划分的城市规划白地区域，如地区详细规划已规定放宽用地功能限制，则可以布局

※ 除三大都市圈和政令指定城市以外的地方城市，在准工业区域内划出限制大规模客流集聚设施的特别用地功能区，是能否被中心城区复兴法的基本规划所认可的必要条件。

图Ⅳ.9.2　2006年的城市规划修正概要（笔者根据国土交通省资料作成）

图Ⅳ.9.3　高松市的用地功能区域和大型商业店铺的布局动向（2006年10月）（出处：荒木，2009，部分修正）
注）四个时间段划分：大店法施行前（1973年以前），大店法强化•转换期（1974～1989年），大店法放宽限制期（1990~2000年6月），大店布局法时期（2000年7月以后）。

丹佛市郊完成二次开发后的大型购
物中心和轻轨车站前广场（TF）

吉隆坡市的双子塔和违建棚户住宅（MF）

V.1 美国的大都市圈多核化

逆城市化与多核化

美国在 20 世纪 70 年代的人口发展趋势上，农村地区比城市地区的人口增加率更高，这是该国在进入现代社会以后首次出现的现象，人口移动与以往的城市集聚模式相反。那么这是否标志着逆城市化时代的到来？该现象极大地吸引了全世界的目光。这种被称为逆城市化现象的分析基础，即计算的城市范围为美国标准大都市统计区（SMSA）。此后的相关研究结果表明，贴近 SMSA 的外围农村区域（Exurb: 远郊区）的人口快速增长，才是导致全国农村地区人口增加的主要原因。因此，前文的逆城市化，与其说是全国规模的人口移动问题，倒不如说是仅凭 SMSA 这样的单位已无法全面把握城市空间的扩大。另外，人口·就业的郊区化还带来了郊区之间通勤人口的增加，假设居住在 SMSA 以外的远郊向中近郊通勤，那么即使远郊与 SMSA 相邻并形成了城市空间，也不会被列入以中心城市通勤人口为标准的大都市圈统计范围，因此，上述远郊区的空间结构变化被认为是形成逆城市化的关键因素之一。另外，美国的就业郊区化催生出了郊区的城市核心（Suburban Down-town）（照片 V.1.1），以往人们所熟知的以某大城市为单一核心的、拥有绝对向心空间结构的大都市圈，在城市中心的 CBD 成长的同时，还滋生出了郊区城市核心，推动了大都市圈的多核化进程（图 V.1.1）。

郊区核心的形成与多核区域空间结构

上述郊区城市核心的形成，在美国是十分典型的现象。但反观日本，尽管大都市郊区的人口增长也非常迅猛，但郊区拥有的核心城市功能最多停留在部分较高层次的商业功能上，拥有核心管理功能的公司总部等商务功能的郊区化并不明显（富田，1995）。以美国的郊区城市核心结构的代表性大都市——乔治亚州亚特兰大市为例，郊区城市核心不仅在制造业、物流业、商业等劳动人口就业方面，而且在公司总部功能集聚上都与城市中心的 CBD 形成了竞争（图 V.1.2）。另外，近年针对美国大都市的城市中心地区正陷于衰退的指责较多，但目前从大都市圈多核化结构进展最为迅速的亚特兰大市的数据来看，CBD 地区的从业人口占 SMSA 从业人口总数的比率，仍高于郊区。如图 V.1.3 所示，人们印象中的城市中心地区的衰退，多集中在零售业功能的减弱上面。但亚特兰大市的 CBD 地区，在联邦政府和州政府的行政管理功能、与观光度假和业务洽谈相关的接待设施，以及旅馆酒店等服务行业创造出的就业岗位等方面拥有的绝对优势，仍旧是郊区城市核心所无法取代的（藤井，2000），在此也可以说 CBD 地区与郊区城市核心实现了城市功能的分担。有研究结果显示，大都市圈的多核化提高了各个郊区区域的独立性（图 V.1.1 的 Urban Realms Model），华盛顿邮报的记者曾在报道中描述，这些郊区城市核心作为边缘城市已拥有基本独立的功能特征，在美国的一般民众当众引起了共鸣。实际上，各郊区领域（Realm）的独立性并未达到媒体渲染的程度，在生活行动方面的相互交流十分普遍。

（Fujii and Hartshorn，1995）

照片V.1.1　亚特兰大市的郊区城市核心坎伯兰
（笔者拍摄）
　　近前方为购物中心，远处为会展设施和商务写字
楼群。位于环线高速公路与西北向延伸的高速公路的
立交枢纽附近。

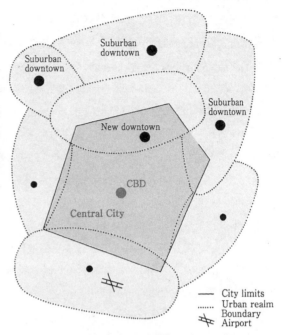

图V.1.1　美国大都市圈的多核化
（出处：Hartshorn and Muller, 1989）
Urban Realms Model：反映大都市圈的CBD地区与各郊区
领域（Realm）发生分裂，各自形成独立功能圈的模型。

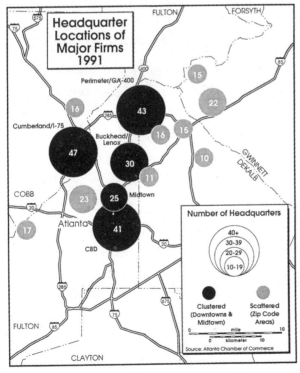

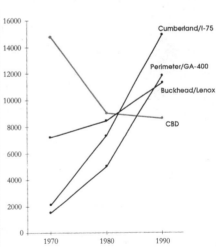

图V.1.3　亚特兰大市各城市核心的零售业从业
人口数的变化（数据来源：Fujii and
Hartshorn, 1995）

图V.1.2　亚特兰大大都市圈的公司总部布局
（出处：Fujii and Hartshorn, 1995）
　　公司总部数量超过CBD地区的郊区城市核心，
主要分布在北部郊区的环线高速公路和放射状高
速公路的交叉点。

美国的大都市圈的定义

美国的大都市圈最早于 1910 年以城市规模和人口密度为基础进行定义，随后经过一段时间的演进，以通勤流的相关数据为基准的日常生活圈逐渐成为大都市圈定义的基本内容。作为明确的基础统计单位，SMSA（Standard Metropolitan Statistical Area）从 1960 年开始被广泛使用，即标准大都市统计区。SMSA 原则上以城市生活圈为基础，规定中心城市的人口基准为 5 万人以上，低于日本；SMSA 内的通勤率应在 15% 以上，但这并不是日本通常使用的以中心城市为目的地的通勤率，而是前往中心城市所在的郡（中心郡）的通勤率。另外，在上述设定基准中还包括非农就业人口率达 75% 以上，以及人口密度和人口增加率等较为复杂、繁琐的内容。20 世纪 80 年代初，SMSA 更名为大都市统计区（Metropolitan Statistical Area，简称 MSA），上述中心郡的定义变更为与中心城区相接的城市化区域（Urbanized Area：人口密度在 1000 人 /mile^{2}以上的地区）所在郡，意指如某市的中心市域面积较小，与其中心城区相接的一部分城区可能会位于中心市域之外，并成为郊区就业岗位的集聚地，那么当后者发展成为一些远郊区居民的通勤目的地时，尽管这些远郊区向中心城市的通勤率未达到 5%，也可能被纳入到大都市圈中（参照图 V.1.4 中右端 Barrow 郡）。此后，结合大都市圈的发展趋势，上述大都市区的界定标准还出现过较大规模的调整（德冈，2006）。

多核化的成因和评价

多核化在城市的发展阶段上属于郊区化之后的阶段。美国的大都市圈的发展早于日本，目前，在日本的大都市圈，商务功能的郊区化以及郊区城市核心还处于形成阶段。对于郊区城市核心的形成，来自主城市中心的驱动力非常重要。一方面，美国中心城市的社会衰退促进了白领阶层前往郊区就业，而郊区的高学历劳动市场也取得了长足的发展，譬如，亚特兰大的城市商务功能区已分散在白领阶层集中居住的中心城区北部。另一方面，还有种族的背景因素，图 V.1.5 显示了中心城区内呈块状分布的族群体系，而洛杉矶的城市核心功能的布局则是从 CBD 开始呈回廊状向西延伸。如表 V.1.1 所示，美国的各大都市圈的种族人口结构存在较大差异。

总而言之，由于大都市圈发展的背景要素上的巨大差异，日本的郊区城市核心发展需要其他的驱动力以及来自政策上的引导。从生活优先的观点出发，职住相近的郊区通勤十分理想，信息化的发展也使就业地点的选择趋于弹性化。从环境保护的角度考虑，即使是美国也在努力发展轨道交通，毕竟依赖汽车的郊区间通勤存在着大量问题，紧凑型城市的发展已经被广泛认同。实际上，在全美的通勤活动中，私家车使用率为 86.5%，公共交通仅为 5.3%（1990 年）。依赖公共交通工具的通勤人口数量较多的城市有纽约（55%）、旧金山（38.5%）、芝加哥（32%），除此之外，洛杉矶的 10% 也高于全国平均水平。但是，因为郊区城市间通勤的始发地和目的地都非常分散，完全不同于城市中心的目的地收缩型通勤模式，致使公共交通手段的导入变得非常困难。因此，尽管面向公共交通建设的公共投资正逐步被认可和重视，但在现阶段的通勤方式选择上，美国的白领阶层对于私家车的依赖程度远高于日本。

（藤井　正）

表V.1.1 美国主要大都市圈的种族结构

METROPOLITAN AREA[1]	Total population (1,000)	PERCENT OF TOTAL METROPOLITAN POPULATION		
		Black	Asian and Pacific Islander	Hispanic origin
New York CMSA	18087	18.2	4.8	15.4
Los Angeles CMSA	14532	8.5	9.2	32.9
Chicago CMSA	8066	19.2	3.2	11.1
San Francisco CMSA	6253	8.6	14.8	15.5
Philadelphia CMSA	5899	18.7	2.1	3.8
Detroit CMSA	4665	20.9	1.5	1.9
Boston CMSA	4172	5.7	2.9	4.6
Washington, DC MSA	3924	26.6	5.2	5.7
Dallas-Fort Worth CMSA	3885	14.3	2.5	13.4
Houston CMSA	3711	17.9	3.6	20.8
Miami CMSA	3193	18.5	1.4	33.3
Atlanta MSA	2834	26.0	1.8	2.0
Cleaveland-Akron-Lorain CMSA	2760	16.0	1.0	1.3
Seattle CMSA	2559	4.8	6.4	3.0
San Diego MSA	2498	6.4	7.9	20.4
Minneapolis-St. Paul MSA	2464	3.6	2.6	1.5
St. Louis MSA	2444	17.3	1.0	1.1
Baltimore MSA	2382	25.9	1.8	1.3
Pittsburgh CMSA	2243	8.0	0.7	0.6
Phoenix MSA	2122	3.5	1.7	16.3

CMSA为相邻的MSA整合后的联合大都市圈。
（出处：Statistical Abstract of the United States，1992）

图V.1.4 亚特兰大大都市圈的通勤流的分布（笔者作成）
图中央空白的区域为亚特兰大市域范围，图案代表通勤率水平，箭头表示通勤移动方向，黑色粗线为大都市圈（MSA）。大都市圈右上角的郡，以亚特兰大市为目的地的通勤率低于5%，但是向与亚特兰大市域毗邻的中心郡的通勤率在20%以上。

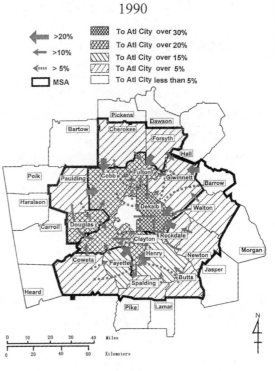

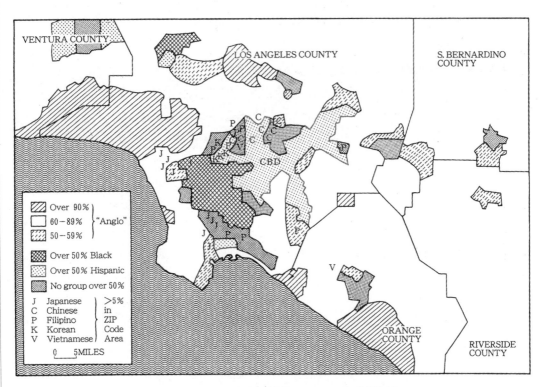

图V.1.5 洛杉矶的种族分布（出处：Soja，1989，笔者补充）

V.2　旧金山湾岸地区的产业集聚

产业集聚：风险企业与科技企业孵化器

产业集聚受到了来自世界各地的广泛关注。产业集聚，是指在特定的地理范围内企业管理部门及其相关组织（譬如国公立研究机构、业界团体）的集中布局。在上述区域内，有为数众多的企业开展经营活动，形成既相互竞争，又共同合作的关系。各种产品、零部件都有可能依靠对方提供，企业之间或不同企业的员工之间互相学习、互相切磋。在上述有利条件下，产业集聚可充分发挥新兴企业起步容易、熟练劳动力丰富的优势，提升经济效益和产品开发能力，达到增强区域产业竞争力的效果。

硅谷：在郊区成长并得以壮大的高新技术产业集聚区

被尊奉为风险企业"圣地"的硅谷并非地图上的地名。硅谷这一名称是1971年由记者在报纸上最先使用的，如图V.2.1所示，该地区位于旧金山以南大约1小时车程的圣塔克拉拉县一带，以惠普和英特尔公司为代表的IT企业均诞生于该地区。硅谷位于大都市郊区，产业集聚的形成与中心城市并无太大关系。该地区气候温和，在一个世纪以前还分布着成片的果园。在20世纪中叶，以拥有雄厚的科研实力和产业园区的斯坦福大学为核心，开始孵化IT产业，并成功地实现了高新技术产业的集聚。

建立在相互信赖基础上的企业之间、企业与大学之间的关系网极具弹性，能够随时应付各种突如其来的外部环境变化，始终让自己保持行业领军的地位。另外，拥有熟练技能的海外移民发挥了重要作用，在这个IC（集成电路）的发祥地，只要提到IC，马上就会使人联想到印度人和中国人。

多媒体峡谷：在中心城区周边区域形成的多媒体产业集聚

硅谷作为计算机的硬件开发基地广为人知。而当人们将注意力转移到软件领域时，与大都市关系密切的产业集聚就应运而生。例如图V.2.2中，旧金山市的多媒体峡谷，其中心所在地市场街南区（SOMA）原为工厂、仓库的集中地，长期以来被看做是失业人口众多、犯罪率高居不下的老城区衰退的典型。当初服装工厂、仓库等经营惨淡，大量设施处于空置状态，随后以互联网策划制作作为主的多媒体企业开始进驻并拓展商务办公业务。由于该地区的区位有利于同城市中心地区的顾客群保持联系，加上房屋设施的租金低廉、不分隔的楼面、高大而宽敞的空间，因而广受媒体制作人的喜爱。

信息化的进程帮助人们克服了由空间距离所产生的各种困难，正在逐步消灭场所的差异，也让大都市圈的存在意义产生了动摇。但是，作为信息化先锋的多媒体产业却依旧在向大都市集聚，这一现实版"信息化的悖论"又在清晰地向人们暗示着，通过产业集聚形成的网络联系，是难以通过电脑来编制完成的。

（长尾谦吉）

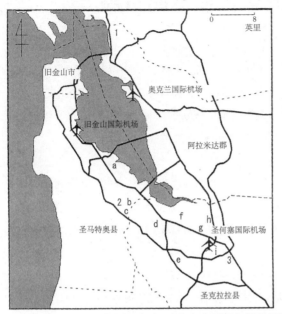

图V.2.1 硅谷的主要企业分布（根据各公司的网页资料等作成）

1: 加州大学伯克利分校
2: 斯坦福大学
3: 圣何塞州立大学

a: 甲骨文公司
b: 惠普公司
c: 施乐公司
d: 太阳计算机系统（已被甲骨文公司收购）
e: 苹果公司
f: 雅虎公司
g: 英特尔公司
h: 闪迪公司
i: 奥杜比系统公司

（注）▦ 广义的多媒体峡谷 SOMA 地区
▨ 狭义的多媒体峡谷 SOMA 地区
● 多媒体播放器企业
◉ 多媒体工具企业
▲ 多媒体技术服务企业（计算机服务）
□ 多媒体技术服务企业（商务服务）
◇ 多媒体技术服务企业（照片成像业务）
◀ 多媒体峡谷的发展方向
★ Union Square（商业中心）

图V.2.2 旧金山的城区和多媒体峡谷（出处：小长谷等，1999）

V.3　英国大都市圈的零售业空间布局

零售业的区域政策和商业区域体系

英国在第二次世界大战结束后，采取了依据区域规划来进行零售业集聚地区的选址和布局的政策。于是都市圈内的零售商业体系，就形成了以中心城的核心商业区（城市中心）为顶点的金字塔形商业区域网络（图V.3.1）。在这些商业区域以外的地区，原则上被禁止零售业的开发或布局，各种现代化商业设施仅在商业区域范围内进行集中开发。

零售业的离心化

到了20世纪80年代，大规模零售商业设施在郊区的开发步伐加快，促进了大都市零售业的离心化、分散化（decentralisation）的程度，这一过程主要可划分为3个阶段。第1阶段：零售业的离心化始于70年代的超市扩张，最初主要表现在食品领域，而最终形成爆发式分散的契机是80年代以后的大型超市的普及（2007年大型超市食品销售额，已占英国各类食品销售途径的总销售额的70%以上）。第2阶段：由家具、家电、家庭手工制品（DIY）等店铺整合而成的市民生活购物广场，进一步推动了大型家庭用品（bulky goods）离心化的进程。第3阶段：80年代后期，以区域覆盖为目标的郊区型购物中心的开设，带动了服装、高级耐用消费品领域的离心化，跨入了与城市中心直接竞争的阶段。目前，大都市圈的零售业体系，反映了传统商业地区的金字塔状结构与新兴大规模零售网络并存的状况（图V.3.2），一般认为，前者正陷入较为被动的局面。

城市中心的更新工程

对于英国的城市中心而言，一方面汽车交通的迅速发展致使其零售业环境逐渐恶化，商业地区·商业设施的老化等问题亟待解决；另一方面零售业的离心化导致其地位下降。从20世纪60年代至今，政府已经实施了多项专门围绕零售业复兴的开发·更新工程，主要的工程内容和目的包括：①将中心商业地区的一部分改造为步行街的规划（pedestrianisation scheme），在周边布局停车场，力求创造出适宜购物、逛街、观光的优美环境；②在地区内集中对购物中心进行更新、改造，通过实现中心商业地区的集约化、紧凑化来满足现代消费者的需求，达到复兴零售业设施的目的等（图V.3.3）。

（伊东　理）

图V.3.1 考文垂市的零售商业区域体系规划
（出处：Davies，1984）

城市中心　邻里中心
地区中心　小型邻里中心

商店数
200
100
50

—— 内环路　—— 主要道路　····· 铁路　—— 城市边界

表V.3.1 新兴大规模零售商业设施的分布特征
（出处：Guy，1984）

区位	区位特征	商圈人口特征	对规划设计方的意见表达
已有的城镇中心·地区中心（Established town centre or district centre）	该商业地区周边的空地或空置建筑	邻近地区的步行顾客、利用私家车、公共汽车的远距离的顾客	如能解决好交通问题，则支持
新建地区中心（New district centre）	未使用土地，结合居住区开发的规划地点	邻近地区的步行顾客、利用私家车的远距离的顾客	支持
城市区域外缘（Edge-of-town）	未经建筑开发土地，通常为农业用地，靠近城市主干道	利用私家车的远距离的顾客	不支持
工业用地（Edge-of-town）	距离零售商业地区较远的未使用土地或工厂搬迁旧址	如附近有居住区，徒步或利用私家车的顾客	除了一部分主营DIY的市民生活购物广场以外，均不支持
其他的城市区位（Other urban location）	通常为靠近城市主干道的空地或空置建筑	如附近有居住区，徒步或利用私家车、公共汽车的顾客	不支持

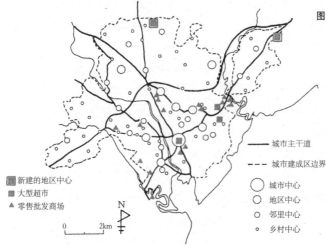

图V.3.2 加的夫市的零售商业区和零售商业设施的布局
（出处：Guy，1984）

新建的地区中心
大型超市
零售批发商场

—— 城市主干道
--- 城市建成区边界

城市中心
地区中心
邻里中心
乡村中心

0　2km

图V.3.3 卡的夫城市中心的中心商业地区
（出处：Guy and Lord，1993）

↓照片V.3.2 卡的夫市的圣戴维购物中心（城市更新型的购物中心，笔者拍摄）

↑照片V.3.1 卡的夫城市中心的步行街（笔者拍摄）

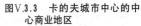

1971年以后的主要零售商业复兴地区
其他的主要零售商业地区
步行街

0　200m

1 特易购
2 圣戴维购物中心
3 玩具反斗城
4 圣戴维连锁购物店
5 皇后西购物中心
6 大都会商业中心
7 皇后商业街

V.4　墨尔本大都市圈的郊区化和城市中心演变

基于居民收入水平差异的居住空间分化

墨尔本是澳大利亚的第二大城市，2006 年墨尔本大都市圈的人口为 359 万，仅次于悉尼(421 万人)。墨尔本是多民族共同生活的文化都市，在大都市圈中，出生于海外的居民人口约占总人口的 31%。海外出生者按国别排序，在 20 世纪 90 年代中期以前依次为英国、意大利、希腊、越南、新西兰，近年来自中国、印度、马来西亚等亚洲国家的人口增长趋势更为明显。根据 2006 年的政府人口普查数据，英国、意大利、越南仍处于海外出生人口规模的上游，但是中国已经处于第 4 位（占墨尔本大都市圈总人口的 1.5%），印度排在第 5 位（同前 1.4%），总体上出生于亚洲的人口比例迅速增加。

图 V.4.1 显示了大都市圈内高收入者的居住空间分布的状况。周薪超出 2000 澳元的家庭(占全部家庭的 20.7%)集中在从东北到东南的 15km 圈层以内，而在生长着茂密森林的东部丘陵和视野开阔的东南部海岸地区，尽管距离城市中心已经超出了 20km，却依然是高收入家庭所钟爱的居住地带。以上高收入者的分布，与拥有大学以上学历的高学历家庭、服务于企业管理层的家庭的空间分布基本一致。在上述地区，近年出生于亚洲的移民人数迅速扩大，在家庭内使用母语交流，拥有高学历，身处企业管理层的外国移民随处可见。

然而，处于上述高收入者居住区南北之间的 10~20km 圈层的中间地带，主要指东部和东南部，为工业和物流产业集聚地区，该地区内的居民收入整体上性对较低。在这类地区里，生活着大量的低收入海外移民，这些人通常到澳洲的移民时间较短，在英语交流上存在较大障碍。在大都市圈的北部和西部，除极个别的地区以外，尚无高收入者的集中居住区。综上所述可知，墨尔本大都市圈在东南和西北部的发展趋势上存在着明显的地域差别。

城市中心的功能演变

狭义来说，墨尔本指的是墨尔本城市中心区（City of Melbourne）。该地区在日趋严重的商务办公空间不足的压力下，从 20 世纪 70 年代开始在市中心南侧的圣基尔达路沿线以及墨尔本山等距市中心 15km 圈内的郊区，进行了商务功能的扩散，伴随着公共交通站点、郊区型购物中心等配套设施的一体式开发，涌现出了为数众多的郊区城市核心。而城市中心区方面，在 90 年代初期，增加了一些高层商务写字楼，同时还面向夫妇都拥有工作但无子女的家庭，以及子女已经自立的两口之家积极开发高层住宅（图 V.4.2）。以亚拉河沿岸地区为例，在维多利亚州政府的主导下吸纳民间资本完成了城市更新、改造，大量科研机构、传媒企业、娱乐·商业设施以及职住相近型的高层住宅等纷纷在此地区诞生。

另外，墨尔本城市中心区还有一个重要活力源泉，即年轻人口的增长。2006 年市中心及其临近地区的总人口为 85213 人，人口中央值位于非常年轻的 28 岁。在市中心的人口中，大学生人数为 16701 人，占 19.6%，其中有 10980 人出生于海外。迅速壮大的海外留学生规模为墨尔本市的人口增长做出了重大贡献，对相关的商业、服务业等的劳动力供给也产生了积极的影响。

（堤　纯）

图Ⅴ.4.1 墨尔本大都市圈的高收入者居住空间分布（2006）
（出处：澳大利亚统计局"Melbourne Social Atlas 2006"）

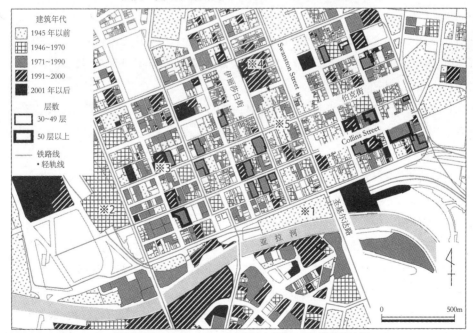

※1：弗林德斯街火车站，※2：南十字星火车站，※3：伯克街大厦，
※4：墨尔本中心，※5：伯克街购物中心

图Ⅴ.4.2 墨尔本城市中心的建筑物的建造年代和层数
（资料来源：VicMap和墨尔本市政府的资料）

V.5　中国的大都市圈区域空间结构

中国的大都市区域空间结构

新中国成立以后，城市建设方针着重突出了城市的生产功能，认为城市应具有将工业与农业统合起来的核心功能。另外，在自给自足精神的指导下，中国的大都市行政范围大多覆盖了众多具有浓厚的农村性格的县一级的区域。幅员辽阔的农村地区向中心城区提供粮食、副食品和水等生活资源，同时也是从城市转移出来的工厂设施的接受者，另外，由城区生产出来的消费品·服务产品等也向农村地区提供。

图V.5.1是Sit描绘的中国大都市区域空间结构的示意图，Sit认为中国的大都市区域空间是由各种规模、层次的树状聚落群所构成的一系列同心圆结构，各同心圆区域内大致由市区和郊县构成，其中市区由中心城区和近郊区构成，郊县专指远郊区县。

作为城市核心区域的中心城区是人口密度最高的地区，处于大都市圈的聚落等级金字塔的最顶层，街道为最基础的居住区管辖单位。近郊区的农业性格较为明显，蔬菜和其他农副产品一般在这一地区生产后再被运往中心城区。另外，一部分近郊区由于拥有了很多从中心城区转移出来的工业，从而转变为工业镇，其中也包括一些地区行署管辖的镇，这些近郊镇组成了大都市区域的第二级聚落层。

郊县由远郊的区、县组成，在功能上具有强烈的农村特征，是大都市区域的粮食·谷物的生产基地。郊县的城市化水平低，半数以上的人口集中在县城（县政府所在地）或几个工业镇，这些城镇构成了大都市区域的第三级聚落层。

另外，中国的很多大都市区域为了防止中心城区的用地空间向外围无序蔓延，在其四周设置了城市绿带，在近郊区进行了"分散式组团"的城镇体系规划建设（图V.5.2）。

改革开放后的区域空间结构演进

一般认为，从20世纪70年代末开始改革开放到90年代末，中国的大都市圈的区域空间结构出现了以下几个主要的变化征兆。

其一是城市CBD的形成。和过去的大城市有计划地开展中心商业街的建设方式相比，另一种新的商务功能集聚区开始出现。为了应对经济全球化的进程，在北京、上海、广州等大城市产生了外资企业、贸易、金融机构等商务功能高度集聚的城市功能区，类似于发达国家的城市CBD，开创了一种全新的城市内部中心区的空间结构。

其二是城市化地区的土地混乱开发现象迅速蔓延。一般认为，在中心城区周边的区域，无序的、混乱的土地空间利用已经成为不容回避的客观事实。另外，大城市已经成为大量来自内陆农村的流动人口的主要目的地，在中心城区的周边区域，逐渐地形成了一些以同乡为纽带的流动人口集聚社区（图V.5.3），但是在其中的部分社区已经开始显现出贫民窟化的发展倾向（图V.5.4），成了新的社会问题。

（山崎　健）

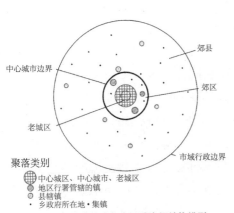

聚落类别
- 中心城区、中心城市、老城区
- 地区行署管辖的镇
- 县辖镇
- 乡政府所在地·集镇

图V.5.1 Sit的中国大都市区域空间结构模型
（出处：Sit, 1985）
中国的大都市圈拥有同心圆结构，包括中心城区和其他各种层次的城镇。

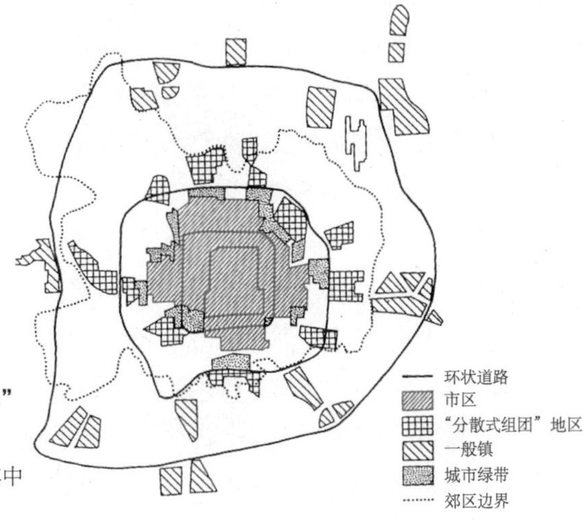

图V.5.2 北京的中心城区和"分散式组团"地区
（出处：Sit, 1985）
北京建设了10个"分散式组团"地区，其中6个是围绕着原有的镇来建设的。

- 环状道路
- 市区
- "分散式组团"地区
- 一般镇
- 城市绿带
- 郊区边界

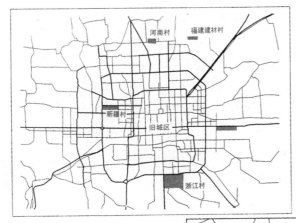

图V.5.3 北京的浙江村与新疆村
（出处：顾·克斯特洛德，1997）
浙江村的规模尤为巨大，20世纪80年代初期的人口为1000人左右，到了1998年已经暴涨到了8万人的规模，在社区内的住宅建筑密度极高，城市基础设施配套水平低。

图V.5.4 北京的高级住宅区和违建棚户集中区
（出处：邱、陈，1999）
高级住宅、别墅居住区大多位于中心城区的北部周边区域，违建棚户区主要分布在南部周边区域。

- 高级住宅·别墅居住区
- 违建棚户集中区

V.6 苏州都市圈的保护与开发

历史古城·水乡都市 苏州

上海被看做是中国的经济高速增长和现代化的象征，位于上海以西80公里的江苏省苏州市，则是作为历史古城和水乡都市而闻名于世。苏州的中心城区由6个区组成，面积为392km²，人口为106万人。市域总面积是8488km²，总人口是574万人（1997年）。在护城河环绕的老城区（14.2km²）内部，各种设施沿运河网和道路网展开布局（图V.6.1的右半部分），多种功能融合在一个共同的空间秩序中，阵内（1993）对苏州的城市结构做出了高度评价。

在历史上，据说苏州城最初筑于514年。开凿于隋代的大运河穿过古城自西向南流过，使得苏州成为南北交通的节点城市。在唐代，苏州已经演变成为江南地区的商业中心，到了宋代以后更加繁荣，逐渐发展成为古城内的河道总长度达到80km的水乡都市。而明代的苏州是江南地区的丝绸生产基地，为近代的传统产业发展打下了基础。悠久的历史在苏州城区内留下了为数众多的历朝历代的古典园林建筑，其中的四座园林在1997年作为重要文化遗产被联合国列入世界遗产名录。另外，苏州还是中国国务院于1982年公布的24座"国家历史文化名城"之一，现已发展成为中国国内炙手可热的旅游观光城市，年均来访的外国旅游者和国内游客数分别达到了40万人次和1000万人次。到20世纪90年代末，在市域范围内已经拥有57家高级宾馆，尤其是水乡景观遗留较多的古城东南部的十全街（照片V.6.1），已经成为涉外高级酒店等观光餐饮设施的集聚区。

经济开发与历史景观的保护·复兴

在经济增长最为显著的中国沿海地区，历史古城苏州也迎来了外资企业的大发展时期。古城西侧的市政府和商务区所处的新城区是70年代后期发展起来的，再往西是90年代以后建设的苏州高新技术产业开发区，至90年代末已有300家外资企业进驻。而位于古城东侧的是1994年引进新加坡的资本建设的工业产业园。这样历史古城和周边的城市开发按照"古城保护，新城建设"的方针在相互协调中不断推进，最终形成了古城居中、两侧开发的"一城两翼"区域空间结构。这样基于明确的区域功能划分的城市建设，确保了新的城市发展对于空间的需求，为疏解古城内部的高密度空间创造了有利条件，而与此同时，苏州市开始加大力度促进历史景观的保护和复兴。

沿运河伸展的十全街，在保持历史传统气氛的前提下开展了沿街建筑更新，包括普通住宅也被纳入到了统一的更新规划（照片V.6.1）。南北向主干道人民路是现代的道路，而在近年建设的东西向主干道干将路（照片V.6.2）一侧，新建设了一条与之并列的人工河道，用以增强水乡都市的景观气氛。以突出历史底蕴为主题的景观政策，其主要内容大致可归纳为：通过道路与河道并列的双重格子空间结构，来达到保持水乡空间特色的目的；保护古典园林和古建筑；继承和发扬传统建筑技术特点等。总体而言，正处于经济高速增长过程中的历史古城苏州，是通过上述的理念和方法来协调经济增长需求与历史景观保护的关系。

（藤井　正·贺　长青）

照片Ⅴ.6.1 十全街的新旧住宅
（贺长青拍摄）

照片Ⅴ.6.2 干将路（贺长青拍摄）

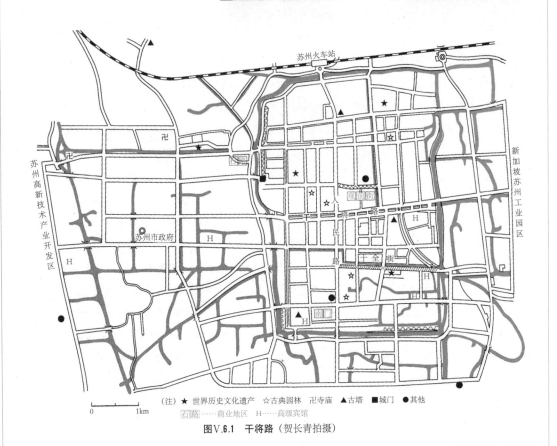

（注）★世界历史文化遗产 ☆古典园林 卍寺寺庙 ▲古塔 ■城门 ●其他
石路┈┈商业地区 H┈┈高级宾馆

图Ⅴ.6.1 干将路（贺长青拍摄）

V.7 发展中国家的大都市圈

发展中国家城市大爆发与巨大城市

与已经进入高度城市化阶段的欧美日本等国家相比，发展中国家由于人口爆发式增长和农村人口向大都市的大规模移动，从 1950 年以后城市人口持续增加。从总体来看，尽管发展中国家的城市人口比率仍然较低（表 V.7.1），但其绝对数值已经远超发达国家。作为最直观的数字，在 1950 年世界排名前 15 位的大都市中，属于发达国家的有 10 个，而发展中国家仅有 5 个；后者在 1980 年上升至 9 个，在 1995 年则达到了 11 个（表 V.7.2）。经预测在 2015 年，除纽约、东京、洛杉矶以外，发展中国家的大都市将上升至 12 个，其中将包括在 1950 年仅属于"百万人口城市"的拉各斯、达喀尔等城市。因此可以说，发展中国家在 20 世纪后半期，在整体上经历了一次"城市大爆发"，这一势头还将在未来持续数十年。在上述背景下，人类社会在 21 世纪，一方面，以"世界城市"为核心的全球化城市体系的一体化进程将会得到巩固和加强，而另一方面，以发展中国家为舞台的巨型都市（mega-city）时代势必到来。

巨型都市指人口超过 1000 万的规模巨大的城市（以大都市为核心的城市群，跨越各自行政边界形成的一体化的城市化区域）。在 1995 年，经测算得出全世界的巨型都市的数目为 21 个，其中发展中国家有 17 个，在亚洲除东京、大阪之外还有 11 个（表 V.7.2）。目前"巨型都市化"仍处于发展过程中，2015 年仅在亚洲就有望出现沈阳、曼谷、金奈、班加罗尔、海得拉巴等新兴的巨型都市。

扩大化的巨型都市区域

以巨型都市为代表的发展中国家的大都市的成长，不仅伴随着城市中心地区的土地利用的集约化、建筑环境的高层化（照片 V.7.1、照片 V.7.2），而且在从核心城市呈放射状四散延伸的高速公路、铁路的沿线，还无秩序地散布着新城、面向中产阶级的居住区、巨大的购物中心、高尔夫球场、外资工厂等城市要素，这些要素混杂于农村田园地带，促使土地利用的无秩序化不断加重。尽管上述城市的区域空间结构的演进路径，同发达国家经历过的"城市郊区化"十分接近，但是在快速交通网络发展的助力下，与核心城市的半径距离远达 70~100km，相比以往的大都市圈范围更大的被称为"巨型都市区域"（mega-urban region）或"扩大化都市圈"（extended metropolitan region）的地理空间正逐渐形成（T.G.McGee）。

巨型都市化不仅限于土地利用的城市化，它还通过城市就业岗位的增加、收入的提高等条件，促使农村社会在生活方式上也发生快速城市化。城市开发优先的政策导向和大规模工程建设的推进等，引发了巨型都市化地区的交通拥堵（照片 V.7.3）、空气污染、噪音、水质污浊、大量的垃圾处理问题等深刻的环境问题。并且派生出了一系列的社会问题，譬如，助长、滋生了贫困人口大量集聚的违建棚户区等。

首位都市和过度城市化

发展中国家的巨型都市大多是各国的首都，在殖民地时代发挥着旧殖民地首都功能，维持了宗主国与殖民地之间的从属关系。独立后，伴随着中央集权政治体制的进展，各国都进

表V.7.1 世界上主要国家的城市人口比率演变（%）
（资料来源：日本厚生省人口问题研究所编，1999，笔者作成）

区域·国名	1950 年	1970 年	1995 年	2030 年
世界全体	29.7	36.7	45.3	61.1
发达国家	54.9	67.7	74.9	83.7
发展中国家	7.1	12.7	22.7	44.0
亚洲	17.4	23.4	34.7	55.2
非洲	14.6	23.0	34.9	54.4
欧洲	52.4	64.5	73.5	82.9
北美洲	63.9	73.8	76.2	84.3
南美洲	41.4	57.4	73.4	83.2
澳洲	61.6	70.8	70.1	74.5
日本	50.3	71.2	78.1	85.3
美国	64.2	73.6	76.2	84.5
英国	84.2	88.5	89.2	92.4
德国	71.9	79.6	86.5	91.7
中国	12.5	17.4	30.2	55.2
印度尼西亚	12.4	17.1	35.4	61.0
泰国	10.5	13.3	20.0	39.1
菲律宾	27.1	33.0	54.0	73.8
越南	11.6	18.3	19.4	33.7
印度	17.3	19.8	26.8	45.8
孟加拉国	4.3	7.6	18.3	40.6
土耳其	21.4	38.4	69.2	87.3
埃及	31.9	42.2	44.6	61.9
尼日利亚	10.1	20.0	39.6	63.5
墨西哥	42.7	59.0	73.4	81.9
巴西	36.0	55.8	78.4	88.9
秘鲁	35.5	57.4	70.9	82.0

表V.7.2 巨型都市区域的人口变化和未来预测
（资料来源：日本厚生省人口问题研究所编，1999，笔者作成）

巨型都市区域	人口（千人）		
	1950 年	1995 年	2015 年
东京	6920	26959	28887
墨西哥城	2885	16562	19180
圣保罗	2423	16533	20320
纽约	12339	16332	17602
孟买	2901	15138	26218
上海	5333	13594	17969
洛杉矶	4046	12410	14217
加尔各答	4446	11923	17305
布宜诺斯艾利斯	5042	11802	13856
首尔	1021	11609	12980
北京	3913	11299	15572
大阪	4147	10609	10609
拉各斯	288	10287	24640
里约热内卢	2864	10181	11860
德里	1391	9948	16860
卡拉奇	1028	9733	19377
开罗	2410	9690	14418
天津	2374	9415	13530
马尼拉	1544	9286	14657
雅加达	1452	8621	13923
达卡	420	8545	19486

注）资料来源：联合国 1996 年测算的结果。大都市的领域取最大范围，表中列出的是 2015 年的预测值高于 1000 万人的城市，顺序排列以 1995 年人口规模为准。

照片V.7.1 吉隆坡新城市中心的景观
（2007年9月，笔者拍摄）
在城区大改造规划的背景下出现的以双子塔为中心的高层建筑集聚区。

照片V.7.2 快速行驶在吉隆坡繁华街区的单轨电车（2006年8月，笔者拍摄）
以解决主城区严重的交通拥堵问题为目的引进的新型交通系统。

一步强化了首都的首位度，比殖民地时代有过之无不及，将政治、经济、社会等方面的城市功能都统一集中在一起，以压倒性的优势领先于第二、第三位的都市以及地方城市，使首位城市（primate city）的成长趋于肥大化。二十世纪的 70、80 年代以后，首位都市成为世界资本"积累的舞台"（W.Ar mstrong & T.G.Mcgeee），在就业和收入上与地方城市之间的差距拉大，导致大量人口从地方城市涌入，但是这些人中的大多数不得不加入到低收入的体力劳动或者露天商贩、流动商贩等非正规生产部门（informal sector）（照片 V.7.4），结果导致大都市的贫困层进一步膨胀。对于这种出现在发展中国家的、超出本地城市经济的就业供给能力的城市化，为了强调其与发达国家的城市化之间存在根本区别，通常称之为"过度城市化"（over-urbanization）"城市的农村化"，而从农村地区流入到大都市的贫困居民也被称为"都市里的农民"。

过度城市化的现状：违建棚户区和贫民窟

城市贫困层人口的膨胀和面向低收入阶层的住宅供给措施的落后，往往与大都市旧城区的贫民窟、非法占据公共或私有土地的违建棚户区（squatter settlement）的产生或扩大相伴。这类违建棚户区通常出现在河流沿岸、低洼湿地、丘陵斜面、铁路沿线等原本不适合居住，但却尽可能地靠近本人收入来源的空置土地上。因属非法建筑，所以大多缺乏上下水、厕所、垃圾处理、电力供应等最基础的生活便利设施。

上述违建棚户区或贫民窟在发展中国家的巨型都市中分布广泛，在圣保罗和里约热内卢被称为 favela，在加尔各答被称为 bustee，在马尼拉被称为 barong-barong（照片 V.7.5），在雅加达和吉隆坡被称为 kampung（照片 V.7.6、照片 V.7.7）。这些违建棚户区或贫民窟的规模因其所在城市的不同而大小不一，其中里约热内卢为 190 万人（1996 年占全市人口的比率为 26%），曼谷为 125 万人（1996 年，占 22%），雅加达为 190 万人（1996 年，占 26%）。而吉隆坡因为马来西亚的经济发展水平相对较高，随着各种城市建设项目的开展和城市美化政策的实施，违建棚户区的取缔工作和专门面向拆迁居民的经济适用房规划取得了较大进步，在其主城区范围内，违建棚户区已基本上销声匿迹，人们能够切实地感受到大都市中产阶级在日渐壮大，这些人居住在高级公寓式住宅或度假公寓内、雇佣家庭保姆、驾驶高级进口汽车前往城市中心的高层商务写字楼上班。可是在上述人群的视野之外，也就是在巨型都市的郊区，散布在各地的违章棚户区，仍然在无声地演绎着巨型都市"双重城市"化的现状和未来。

（藤卷正己）

照片 V.7.3　曼谷城市中心地区的严重交通拥堵
（2003年12月，笔者拍摄）
尽管引进了高架轨道的空中电车，但是交通拥堵状况依然严重。

照片 V.7.4　吉隆坡街角的露天商贩
（2004年8月，笔者拍摄）
虽然针对路边露天商贩的管制日趋严格，但是这份工作对"一介贫民"而言却是有效的谋生手段。

照片 V.7.5　马尼拉大都市郊区的违建棚户区
（2008年2月，由Rits BLOH提供）
在马尼拉大都市圈的边缘地带，至今仍然密布着用废弃建材搭建而成的住宅。

照片 V.7.6　雅加达北部的贫民窟（2005年9月，濑川真平拍摄）
在巨型都市雅加达的中心城市周边地区，现在仍然密布着生活环境十分恶劣的棚户住宅区。

照片 V.7.7　吉隆坡的违建棚户区（2005年9月，笔者拍摄）
即将纳入政府经济适用房工程的铁路沿线违建棚户区。

照片 V.7.8　吉隆坡郊区的度假公寓街（2006年8月，笔者拍摄）
在这里集中居住着本地新中产阶层的家庭或来自发达国家的外国人。

日本的大都市人口

（万人）

人口排序	1890 年		1925 年		1960 年		1970 年		1980 年		2005 年	
1	东京	111.5	大阪	211.5	东京	831.0	东京	884.1	东京	835.2	东京	849.0
2	大阪	47.4	东京	199.5	大阪	301.2	大阪	298.0	横滨	277.2	横滨	358.0
3	京都	29.0	名古屋	76.9	名古屋	159.2	横滨	223.8	大阪	264.8	大阪	262.9
4	名古屋	17.0	京都	68.0	横滨	137.6	名古屋	203.6	名古屋	208.8	名古屋	221.5
5	神户	13.7	神户	64.4	京都	128.5	京都	141.9	京都	147.3	札幌	188.1
6	横滨	12.8	横滨	40.6	神户	111.4	神户	128.9	札幌	140.2	神户	152.5
7	金泽	9.5	广岛	19.6	福冈	64.7	北九州	104.2	神户	136.7	京都	147.5
8	广岛	9.1	长崎	18.9	川崎	63.3	札幌	101.0	福冈	108.9	福冈	140.1
9	仙台	6.6	函馆	16.4	札幌	52.4	川崎	97.3	北九州	106.5	川崎	132.7
10	德岛	6.1	金泽	14.7	广岛	43.1	福冈	85.3	川崎	104.1	埼玉	117.6
11	富山	5.9	熊本	14.7	仙台	42.5	堺	59.4	广岛	89.9	广岛	115.4
12	长崎	5.8	福冈	14.6	尼崎	40.6	尼崎	55.4	堺	81.0	仙台	102.5
13	鹿儿岛	5.7	札幌	14.5	熊本	37.4	仙台	54.5	千叶	74.6	北九州	99.4
14	和歌山	5.6	仙台	14.3	长崎	34.4	广岛	54.2	仙台	66.5	千叶	92.4
15	函馆区	5.6	吴	13.9	堺	34.0	东大阪	50.0	冈山	54.6	堺	83.1
16	熊本	5.4	小樽	13.4	浜松	33.3	千叶	48.2	熊本	52.6	浜松	80.4
17	福冈	5.4	鹿儿岛	12.5	八幡	33.2	熊本	44.0	尼崎	52.4	新潟	78.5
18	新潟	4.7	冈山	12.5	静冈	32.9	浜松	43.2	东大阪	52.2	静冈	70.1
19	冈山	4.6	八幡	11.8	姫路	32.9	长崎	42.1	鹿儿岛	50.5	冈山	67.5
20	堺	4.6	新潟	10.9	新潟	31.5	静冈	41.6	浜松	49.1	熊本	67.0

注）在市域人口中，1960 年以后的东京为区部（23 区）的人口。

三大都市圈的人口增长

	1950 年	1960 年	1970 年	1980 年	1990 年	2000 年
	东京大都市圈					
总人口（千人）	13311	18124	24497	29351	32676	34440
0~10km 圈层的人口比率（%）	25.2	28.2	21.8	17.1	14.6	13.7
10~20 同上	22.9	27.8	28.6	25.7	25.2	25.1
20~30 同上	12.2	12.4	15.8	17.5	18.2	18.3
30~40 同上	9.0	8.3	12.4	16.5	17.9	18.4
40~50 同上	13.0	10.8	11.4	13.2	13.8	14.0
	大阪大都市圈					
总人口（千人）	9199	11690	15106	17134	18049	18500
0~10km 圈层的人口比率（%）	29.4	34.8	31.3	25.7	24.1	23.0
10~20 同上	12.3	13.2	18.9	21.4	21.3	20.9
20~30 同上	9.9	10.0	11.7	13.7	14.3	14.7
30~40 同上	15.3	14.4	14.5	15.8	16.6	17.0
40~50 同上	18.4	16.1	14.0	13.5	13.6	14.0
	名古屋大都市圈					
总人口（千人）	5761	6687	8111	9296	9988	10474
0~10km 圈层的人口比率（%）	20.8	26.1	26.0	23.2	22.0	21.0
10~20 同上	13.1	13.6	17.2	19.6	20.1	21.0
20~30 同上	12.5	11.9	13.3	14.9	15.9	16.4
30~40 同上	21.6	21.1	20.1	19.8	19.8	19.7
40~50 同上	9.5	8.0	6.9	6.7	6.6	6.4
三大都市圈人口总计（千人）	28271	36501	47714	55781	60713	63414
占日本总人口的比重（%）	33.6	38.7	45.6	47.7	49.1	50.0

注）大都市圈的总人口为 70km 圈层的人口，各圈层的人口比重是占总人口的比率。

资料：名古屋市统计课：《統計なごや》等。

参 考 文 献

（关于图表等的出处单列在后面请参考。）

[I.1：大都市圈的定义和演变]

高橋伸夫・谷内 達編（1994）：『日本の三大都市圏―その変容と将来像―』，古今書院，242p.

富田和暁（1995）：『大都市圏の構造的変容』，古今書院，326p.

藤井 正（2007）：大都市圏における構造変化研究の動向と課題―地理学における多核化・郊外の自立化の議論を中心として―．日本都市社会学会年報25，pp.37-50.

山神達也（1999）：わが国における人口分布の変動とその日米比較．人文地理，51-5，pp.79-96.

[I.2：大都市圈的人口迁移]

石川義孝編（2001）：『人口移動転換の研究』，京都大学学術出版会，305p.

山口泰史・荒井良雄・江崎雄治（2000）：地方圏における若年者の出身地残留傾向とその要因について．経済地理学年報，46-1，pp.43-54.

[I.3：三大都市圈的郊区化和城市中心的人口回归]

石川雄一（2008）：『郊外からみた都市圏空間』，海青社，241p.

富田和暁（1995）：『大都市圏の構造的変容』，古今書院，326p.

富田和暁（2004）：三大都市圏における地域的変容．杉浦芳夫編『空間の経済地理』，朝倉書店，pp.80-105.

富田和暁（2009）：大都市圏における新時代の居住地選好．大阪商業大学論集，151・152号，pp.173-188.

藤井 正（2009）：都市圏多核化研究とまちづくり―機能地域論・社会ネットワーク論・景観論との関連を中心に―，『地域と環境』8・9合併号（京都大学人間・環境学研究科），pp.99-108.

[I.4：三大都市圈的通勤行为及其变化]

稲垣 稜（2005）：大都市圏郊外に立地する事業所のアルバイト求人行動と若年者の求職行動．人文地理，57-1，pp.25-46.

谷 謙二（2004）：戦時期から復興期にかけての東京の通勤圏の拡大に関する制度論的考察―住宅市場の変化・転入抑制および通勤手当の普及の観点から―．埼玉大学教育学部地理学研究報告，24，pp.1-26.

谷 謙二（2007）：人口移動と通勤流動から見た三大都市圏の変化―大正期から現在まで―．日本都市社会学会年報，25，pp.23-36.

[I.5：三大都市圈的社会调查图]

倉沢 進編（1986）：『東京の社会地図』，東京大学出版会，305p.

倉沢 進・浅川達人編（2004）：『新編 東京の社会地図1975-90』，東京大学出版会，324p.

総務省統計局編（1999）：『大都市圏の人口』，日本統計協会，564p.

矢野桂司・武田祐子（2001）：GISによる全国デジタル・メッシュ社会地図．京都地域研究，15，pp.93-116.

[I.6：分期付款的公寓式住宅供给与三大都市圈的结构演变]

香川貴志（1993）：大阪30km圏における民間分譲中高層住宅の供給構造．地理学評論，66A-11，pp.683-702.

香川貴志（2001）：三大都市圏における住宅・マンション供給．富田和暁・藤井 正編：『図説 大

都市圏』，古今書院，pp. 20-23.

香川貴志（2004）：バブル期前後の東京大都市圏における分譲マンションの供給動向と価格推移．
　京都教育大学紀要，105，pp. 1-20.

香川貴志（2004）：バブル期前後の京阪神大都市圏における分譲マンションの供給動向と価格推移．
　京都教育大学紀要，105，pp. 21-36.

香川貴志（2005）：バブル期前後の中京大都市圏における分譲マンションの供給動向と価格推移．
　京都教育大学紀要，106，pp. 71-83.

香川貴志（2005）：岡山市の都心立地型超高層マンションにみる居住者の諸属性と居住環境評価．
　日本都市学会年報，38，pp. 2-9.

香川貴志（2007）：札幌市中央区における分譲マンション供給の特徴―バブル期前後の比較考察を
　中心として―．人文地理，59-1，pp. 57-72.

[I.7：三大都市圏的未来人口预测]

江崎雄治（2006）：『首都圏人口の将来像―都心と郊外の人口地理学―』，専修大学出版局，171p.

国立社会保障・人口問題研究所編（2007）：『日本の都道府県別将来推計人口―平成19年5月推計
　―』，厚生統計協会，217p.

国立社会保障・人口問題研究所編（2009）：『日本の市区町村別将来推計人口―平成20年12月推計
　―』，厚生統計協会，317p.

[II.1：东京大都市圈的区域空间结构]

江崎雄治（2006）：『首都圏人口の将来像』，専修大学出版局，171p.

管野・佐野・谷内編（2009）『日本の地誌5　首都圏I』朝倉書店，580p.

倉沢　進・浅川達人編（2004）：『新編　東京圏の社会地図　1975-90』，東京大学出版会，352p.

由井義通など共編著（2004）：『働く女性の都市空間』，古今書院，181p.

[II.2：东京大都市圈的土地利用变化]

高橋伸夫・谷内　達編（1994）：『日本の三大都市圏―その変容と将来像―』，古今書院，242p.

村山祐司（1993）：マルコフ連鎖モデルによる首都圏土地利用の推定―細密数値情報データベース
　を利用して―．人文地理学研究（筑波大学），17，pp. 69-86.

[II.3：东京大都市圈的地价分布]

富田和暁（1995）：『大都市圏の構造的変容』，古今書院，326p.

山田浩久（1999）：『地価変動のダイナミズム』，大明堂，233p.

脇田武光（1976）：『大都市の地価形成』，大明堂，164p.

[II.4：东京大都市圈的工业多样性]

青木英一（1997）：『首都圏工業の構造』，大明堂，152p.

鵜飼信一（1994）：『現代日本の製造業』，新評論，254p.

関　満博（1987）：先端技術と首都圏工業再配置の動向．経済地理学年報，33-4，pp. 47-63.

[II.5：东京大都市圈的商务写字楼布局]

佐藤英人・荒井良雄（2003）：情報部門の機能強化に伴うオフィス立地の郊外化．人文地理，55，
　pp. 367-382.

坪本裕之（1996）：東京大都市圏におけるオフィス供給と業務地域の成長．人文地理，48-4，pp.
　21-43.

富田和暁（1991）：『経済立地の理論と実際』，大明堂，282p.

[II.6：东京大都市圈的零售业・百货店的空间布局]

岩間信之（2001）：東京大都市圏における百貨店の立地と店舗特性．地理学評論，74A，pp. 117-132.

岩間信之（2004）：大都市圏における百貨店の特性と商圏構造．荒井良雄・箸本健二編：『日本の流通と都市空間』古今書院．pp. 15-33.

奥野隆史・高橋重雄・根田克彦（1999）：『商業地理学入門』，東洋書林，202p.

富田和暁（1995）：『大都市圏の構造的変容』，古今書院，326p.

橋本雄一（2001）：『東京大都市圏の地域システム』，大明堂，264p.

森川 洋（1995）：『都市化と都市システム』，大明堂，264p.

[II.7：东京大都市圈的郊区生活空间]

荒井良雄・岡本耕平・神谷浩夫・川口太郎（1996）：『都市の空間と時間―生活活動の時間地理学―』，古今書院，216p.

高橋伸夫・谷内 達（1994）：『日本の三大都市圏―その変容と将来像―』，古今書院，242p.

[II.8：东京大都市圈中周边城市的功能与规划建设]

国土庁大都市圏整備局（1985）：『首都改造計画』，258p.

国土庁大都市圏整備局（1999）：『第5次首都圏基本計画』，81p.

山下博樹（1993）：東京大都市圏における周辺中核都市の成長．地理科学，48-1，pp. 1-19.

[II.9：东京大都市圈的外国人口分布]

千葉立也（1997）：新来外国人の居住地域．駒井 洋ほか編：『新来・定住外国人がわかる事典』，明石書店，pp. 36-37.

[II.10：东京湾沿岸区域的变貌]

佐藤英人・荒井良雄（2003）：情報部門の機能強化に伴うオフィス立地の郊外化―幕張新都心の事例から―．人文地理，55-4，pp. 61-76.

佐藤英人（2007）：横浜みなとみらい21地区の開発とオフィス移転との関係―フィルタリングプロセスの検討を中心に―，地理学評論，80-14，pp. 907-925.

[II.11：多摩地区的郊外居住区演变]

江崎雄二（2006）：『首都圏人口の将来像―都心と郊外の人口地理学―』，専修大学出版会，171p.

川口太郎（2007）：人口減少時代における郊外住宅地の持続可能性．駿台史学，130，pp. 85-113.

中澤高志・佐藤英人・川口太郎（2008）：世代交代に伴う東京圏郊外住宅地の変容―第一世代の高齢化と第二世代の動向―，人文地理，60-2，pp. 38-56.

[III.1：京阪神大都市圈的区域空间结构]

青木伸好（1985）：『地域の概念』，大明堂，352p.

大阪市立大学経済研究所編（1990）：『世界の大都市7 東京 大阪』，東京大学出版会，302p.

高橋伸夫・谷内 達編（1994）：『日本の三大都市圏―その変容と将来像―』，古今書院，242p.

藤井 正（1986）：近代工業の発展と変容．藤岡謙二郎監修：『新日本地誌ゼミナールV 近畿地方』，大明堂，pp. 106-122.

水内俊雄（1982）：工業化過程におけるインナーシティの形成と発展―大阪の分析を通じて―．人文地理，34-5，pp. 385-409.

[III.2：第二次世界大战前大阪都市圈的郊区社会与郊区生活]

片木 篤・藤谷陽悦・角野幸博編（2000）：『近代日本の郊外住宅地』鹿島出版会，574p.

118

水内俊雄 (1996)：大阪都市圏における戦前期開発の郊外住宅地の分布とその特質．大阪市立大学地理学教室編：『アジアと大阪』，古今書院，pp. 48-79.

山口　廣編 (1989)：『郊外住宅地の系譜』，鹿島出版会，284p.

[Ⅲ.3：大正时代・昭和时代初期郊区住宅的诞生与通勤状况]

石川雄一 (1999)：戦前期の大阪近郊における住宅郊外化と居住者の就業構造からみたその特性．千里山文学論集，62，pp. 1-22.

大阪市社会部 (1942)：本市重工業労働者の住居ならびに通勤事情．社会部報告（大阪市社会部調査課），225，pp. 43-151.

(財)大阪都市協会大阪市都市住宅史編纂委員会 (1989)：『まちに住まう―大阪都市住宅史―』，平凡社，454p.

[Ⅲ.4：京阪神大都市圏的地价分布]

柏谷増男 (1987)：大都市における地価形成―理論から現実へ―．日本不動産学会誌，Vol. 2 No. 3，pp. 12-17.

豊田哲也 (1993)：小売業から見た商業地代の空間構造と地価変動―大阪都市圏の事例研究―．人文地理，45-5，pp. 25-50.

山口浩之・德岡一幸 (2007)：『地域経済学入門・新版』，有斐閣，pp. 157-158.

[Ⅲ.5：老城区的工业和阪神大地震]

稲見悦治・藤岡ひろ子 (1971)：都市の過密とゴム工業の関連―神戸市長田区―．地理学評論，44-5，pp. 333-346.

井上智之 (1998)：ケミカルシューズ産業集積の再編．日本都市学会年報，31，pp. 39-45.

成田孝三 (1987)：『大都市衰退地区の再生』，大明堂，482p.

(財) 21世紀ひょうご創造協会・(財) あまがさき未来協会・神戸商科大学 (2001年刊行予定)：大阪湾ベイエリアにおける工業立地の変貌に関する研究．

山本俊一郎 (2000)：阪神・淡路大震災に伴う神戸ケミカルシューズ産地の変化．経済地理学年報，46-3，pp. 57-70.

和田真理子 (1999)：ケミカルシューズ企業の長期的動向からみた震災後の集積地の空間的変化―神戸市長田地区における調査の分析―．日本都市計画学会学術研究論文集，34，pp. 697-702.

[Ⅲ.6：大阪湾岸地区的变貌]

田口芳明 (1990)：ウオーターフロント開発の問題点．市政研究，89，pp. 8-18.

宗田好史・あおぞら財団ほか (2000)：『都市に自然をとりもどす』，学芸出版，223p.

藤井　正 (1982)：都市と住宅．藤岡謙二郎編：『都市地理学の諸問題』，大明堂，pp. 165-173.

[Ⅲ.7：老龄化的千里新城及城市更新]

片寄俊秀 (1979)：『千里ニュータウンの研究―計画的都市建設の軌跡・その技術と思想』，産報出版株式会社．

伊富貴順一 (1997)：郊外の街　江坂と千里中央―来街者とメディアの分析を中心にして―．人文地理，49-6，pp. 74-87.

伊富貴順一 (2001)：住民の視点からみるニュータウンの再生とまちづくり―歩いて暮らせる街づくり（千里ニュータウン新千里東町地区）での取り組みを通じて―．日本都市計画学会関西支部設立10周年記念論文集，pp. 103-108.

伊富貴順一・宮本京子 (2002)：ニュータウン再生における地域住民参加―歩いて暮らせる街づく

　り構想推進事業「ひがしまち街角広場」の取り組みを通じて一．住宅都市学，39号2002 AUTUMN，pp. 79-84.

山本　茂（2009）:『ニュータウン再生一住環境マネジメントの課題と展望』，学芸出版社.

[Ⅲ.8：京阪神大都市圏的零售业空间布局变化]

生田真人（1991）:『大都市消費者行動論一消費者は発達する一』，古今書院，204p.

石原武政（1997）: コミニティ型小売業の行方．経済地理学年報，43-1，pp. 37-47.

伊東　理（1978）: 大都市圏におけるスーパーの展開と立地一京阪神大都市圏の場合一．人文地理，30-6，pp. 1-21.

奥野隆史・高橋重雄・根田克彦（1999）:『商業地理学入門』，東洋書林，202p.

生田真人（2008）:『関西圏の地域主義と都市再編一地域発展の経済地理学』，ミネルヴァ書房，439 p.

石原武政（2006）:『小売業の外部性とまちづくり』有斐閣，256p.

伊東　理（1978）: 大都市圏におけるスーパーの展開と立地一京阪神大都市圏の場合一．人文地理，30-6，pp. 1-21.

奥野隆史・高橋重雄・根田克彦（1999）:『商業地理学入門』，東洋書林，202p.

松田隆典（1991）: 大店法下の京都市中心部における中小零細店舗．経済地理学年報，37-4，pp. 334-353.

水内俊雄・加藤政洋・大城直樹（2008）:『モダン都市の系譜一地図から読み解く社会と空間一』，ナカニシヤ出版，335p.

[Ⅲ.9：大阪都市圏的居民日常生活行动特征]

富田和暁（1994）: 日本の三大都市圏における構造変容．高橋伸夫・谷内　達編:『日本の三大都市圏一その変容と将来像一』，古今書院，pp. 2-20.

成田孝三（1995）:『転換期の都市と都市圏』，地人書房，pp. 289-317.

正木久仁（1999）: 生活行動からみた大阪都市圏周辺地域の地域構造．成田孝三編:『大都市圏研究』（上），大明堂，pp. 268-284.

[Ⅲ.10：心理地图视角下的大阪都市圈空间结构变化]

岡本耕平（2000）:『都市空間における認知と行動』，古今書院，288p.

中村　豊・岡本耕平（1993）:『メンタルマップ入門』，古今書院，162p.

荒井良雄・岡本耕平・神谷浩夫・川口太郎（1996）:『都市の空間と時間一生活活動の時間地理学一』，古今書院，216p.

リンチ，丹下健三ほか訳（1968）:『都市のイメージ』，岩波書店，276p.

[Ⅳ.1：名古屋大都市圈的形成和区域空间结构]

名古屋大都市圏研究会編（1993）:『図説　名古屋圏』，古今書院，146p.

林　上（1994）: 名古屋大都市圏の形成と発展．高橋伸夫・谷内　達編:『日本の三大都市圏一その変容と将来像一』，古今書院，pp. 120-140.

[Ⅳ.2：名古屋大都市圈郊区居民的人口学特征和居住经历]

伊藤達也（1994）:『生活の中の人口学』，古今書院，212p.

谷　謙二（1997）: 大都市圏郊外住民の居住経歴に関する分析一高蔵寺ニュータウン戸建住宅居住者の事例一．地理学評論，70A，pp. 263-286.

谷　謙二（1998）: コーホート規模と女性就業から見た日本の大都市圏における通勤流動の変化.

人文地理, 50, pp. 211-231.

[**IV.3**：零售业布局的多样化与名古屋市中心的商业集聚度提升]

伊藤健司 (2007)：市場の多様化と商業立地の多極化. 林上編：『現代都市地域の構造再編』, 原書
　　房, pp. 51-80.

土屋　純 (1998)：中京圏の大手チェーンストアにおける物流集約化とその空間的形態. 地理学評
　　論, 71-1, pp. 1-20.

土屋　純・伊藤健司・海野由里 (2002)：愛知県における書籍チェーンの発展と商圏の時空間変化.
　　地理学評論, 75-10, pp. 595-616.

[**IV.4**：仙台大都市圏的区域空间结构]

仙台市史編さん委員会編 (1994)：『仙台市史　特別編1自然』, 仙台市, 520p.

高野岳彦 (1994)：仙台市における近年の住民属性と居住地区分化の変質. 地理学評論, 67A-11,
　　pp. 753-774.

田辺健一 (1979)：『都市の地域構造』, 大明堂, 284p.

中田　高・大槻憲四郎・今泉俊文 (1976)：仙台平野西縁・長町—利府線に沿う新規地殻変動. 東
　　北地理, 28, pp. 111-120.

長谷川典夫・阿部　隆, 西原　純・石澤　孝・村山良之 (1992)：『現代都市の空間システム』, 大
　　明堂, 288p.

[**IV.5**：广岛大都市圏的居住区开发]

広島市 (1983)：『新修広島新史　地理編』, 925p.

由井義通 (1993)：公営住宅における居住者特性の変容—広島市を事例として—. 地理学評論, 66
　　A-11, pp. 663-682.

由井義通 (1998)：郊外住宅団地の成熟—広島市を事例として—. 森川　洋編著：『都市と地域構
　　造』, 大明堂, pp. 64-92.

由井義通 (1999)：『地理学におけるハウジング研究』, 大明堂, 372p.

[**IV.6**：福冈大都市圏的成长与国际化]

遠城明雄 (1997)：三つの「神話」—福岡市. 平岡昭利編：『九州　地図で読む百年』, 古今書院,
　　pp. 1-8.

西日本新聞社 (1999)：『九州データ・ブック2000』, 西日本新聞社広告局, 210p.

朴　倧玄 (2000)：韓国の企業集団の福岡進出と地元自治体・企業の果たした役割. 地理学評論,
　　73A-10, pp. 761-775.

朴　倧玄 (2001)：『東アジアの企業・都市ネットワーク　韓日間の国際的都市システムの視点』,
　　古今書院, 275p.

遠城明雄 (2008)：96. 福岡, 平岡昭利編 (2008)：『地図で読み解く日本の地域変貌』, 海青社,
　　pp. 286-291.

西日本新聞社 (2009)：『九州データ・ブック2009』, 西日本新聞社, 199p.

[**IV.7**：金泽都市圏的空间结构]

伊藤　悟 (1997)：『都市の時空間構造』, 古今書院, 252p.

高橋伸夫・菅野峰明・村山祐司・伊藤　悟 (1997)：『新しい都市地理学』, 東洋書林, 240p.

津川康雄 (1978)：都市内部の中心地構造—金沢を例として—. 人文地理, 30-3, pp. 276-286.

若林芳樹 (1999)：『認知地図の空間分析』, 地人書房, 318p.

[IV.8：地方都市圏的商业空间布局与亟待解决的问题]

岩間信之・田中耕市・佐々木緑・駒木伸比古・齋藤幸生 (2009)：地方都市在住高齢者の「食」を
　　巡る生活環境の悪化とフードデザート問題―茨城県水戸市を事例として―. 人文地理, 61-2,
　　pp. 29-46.

杉田　聡 (2008)：『買い物難民―もうひとつの高齢者問題―』, 大月書店, 206p.

山川充夫 (2004)：『大型店立地と商店街再構築―地方都市中心市街地の再生に向けて―』, 八朔社,
　　266p.

山下博樹 (2008)：都市空間の再構築. 藤井　正ほか編：『地域政策入門』, ミネルヴァ書房, pp.
　　172-190.

[IV.9：高松都市圏的商业与城市规划]

荒木俊之 (2007)：「まちづくり3法」はなぜ中心市街地の再生に効かなかったのか―都市計画法を
　　中心とした大型店の規制・誘導―. 荒井良雄・箸本健二編：『流通空間の再構築』, 古今書院,
　　pp. 215-230.

矢作　弘 (2005)：『大型店とまちづくり―規制進むアメリカ, 模索する日本』, 岩波書店, 211p.

矢作　弘・瀬田史彦編 (2006)：『中心市街地活性化三法改正とまちづくり』, 学芸出版社, 272p.

[V.1：美国的大都市圈多核化]

徳岡一幸 (2006)：都市経済と都市圏. 都市研究 (近畿都市学会), 5・6, pp. 15-27.

西村　弘 (1998)：『クルマ社会アメリカの模索』, 白桃書房, 280p.

藤井　正 (1998)：アトランタの都市機能と都市構造. 人文学論集 (大阪府立大), 16, pp. 121-
　　142.

藤井　正 (1999)：アトランタ大都市圏の多核化とオフィス立地. 成田孝三編：『大都市圏研究』
　　(下), 大明堂, pp. 121-142.

藤井　正 (2000)：新旧都心空間の形成と変化―アトランタ大都市圏の多核化を事例に―. 足利
　　健亮先生追悼論文集編纂委員会編：『地図と歴史空間』, 大明堂, pp. 490-501.

藤井　正 (2007)：大都市圏における構造変化研究の動向と課題―地理学における多核化・郊外の
　　自立化の議論を中心として―. 日本都市社会学会年報25, pp. 37-50.

[V.2：旧金山湾岸地区的产业集聚]

小長谷一之・富沢木実編著 (1999)：『マルチメディア都市の戦略―シリコンアレーとマルチメディ
　　アガルチ―』, 東洋経済新報社, 285p.

チョン・ムーン・リーほか編, 中川勝弘監訳 (2001)：『シリコンバレー　なぜ変わり続けるのか
　　(上)(下)』, 日本経済新聞社, 315p., 325p.

長尾謙吉 (2008)：都市と文化産業―サンフランシスコ・ソーマ地区の変貌―. 近畿都市学会編：
　　『21世紀の都市像―地域を活かすまちづくり―』, 古今書院, pp. 202-211.

[V.3：英国大都市圈的零售业空间布局]

伊東　理 (2004)：1990年代イギリスにおける小売商業の地域政策と小売商業の開発(Ⅱ)―小規模
　　小売商業地区の動向と再生をめぐって―. 関西大学文学論集, 53-4, pp. 17-37.

伊東　理 (2009)：英国のシティセンターの再生と動向に関するノート―コアシティのシティセン
　　ターを中心に―. 地域と環境, 8・9, pp. 122-133.

[V.4：墨尔本大都市圈的郊区化和城市中心演变]

越智道雄 (2005)：『オーストラリアを知るための55章　第2版』, 明石書店, 324p.

122

堤　純，オコナー・ケヴィン（2008）：留学生の急増からみたメルボルン市の変容．人文地理，60，pp. 323-340.

藤川隆男編（2004）：『オーストラリアの歴史　多文化社会の歴史の可能性を探る』，有斐閣アルマ，278p.

[**V.5**：中国的大都市圏区域空间结构]

柴彦威（1998）：中国都市における内部地域構造の特徴と変容．森川　洋編著：『都市と地域構造』，大明堂，pp. 2-17.

山崎　健（1988）：北京市の都市構造と都市問題．佐賀大学教育学部研究論文集，35-2，pp. 37-59.

山崎　健（1990）：新中国の首都・北京．河野通博編著：『新訂　東アジア〈世界地誌ゼミナールⅠ〉』，大明堂，pp. 235-242.

山崎　健（1996）：中国の大都市における流動人口をめぐる諸問題．神戸大学発達科学部研究紀要，3-2，pp. 203-213.

[**V.6**：苏州都市圏的保护与开发]

伊原　弘（1993）：『蘇州水生都市の過去と現在』，講談社，254p.

陣内秀信編（1993）：『中国の水郷都市―蘇州と周辺の水の文化―』，鹿島出版会，285p.

劉武君（1995）：歴史的市街地の保存と整備―中国と日本の比較―．大河直躬編：『都市の歴史とまちづくり』，学芸出版社，pp. 61-80.

[**V.7**：发展中国家的大都市圏]

大阪市立大学経済研究所監修（1998-2000）：『アジアの大都市』シリーズ（[1]バンコク，[2]ジャカルタ，[3]クアラルンプル・シンガポール），日本評論社，[1]360p.，[2]400p.，[3]312p.

武内和彦・林　良嗣編（1998）：『地球環境学8　地球環境と巨大都市』，岩波書店，290p.

藤巻正己編（2001）：『生活世界としての「スラム」―外部者の言説・住民の肉声―』，古今書院，255p.

藤巻正己・瀬川真平編（2009）：『現代東南アジア入門（改定版）』，古今書院，247p.

图 ·表 ·照片的出处

[I.1：大都市圈的定义和演变]

图 I.1.1　富田和暁（1995）:『大都市圏の構造的変容』，古今書院，p.13.

图 I.1.2　山鹿誠次（1984）:『日本の大都市圏』，大明堂，p.14.

图 I.1.3　富田和暁（1995）:『大都市圏の構造的変容』，古今書院，p.39.

[I.2：大都市圈的人口迁移]

图 I.2.1　総務省統計局（2009）:『住民基本台帳人口移動報告年報』，日本統計協会，p.11.

[I.3：三大都市圈的郊区化和城市中心的人口回归]

图 I.3.1　国土庁編（1996）:『平成8年版 首都圏白書』，大蔵省印刷局，p.233.

图 I.3.2　伊藤喜栄監訳（2000）:『人文地理学の基礎』，古今書院，p.158.

表 I.3.1　総務省統計局編集（2009）:『平成17年国勢調査　人口概観シリーズ No.9　大都市圏
の人口』，日本統計協会，などにより作成.

表 I.3.2　管野・佐野・谷内編（2009）:『日本の地誌5　首都圏 I』朝倉書店，p.89により作成.

表 I.3.3　各年の国勢調査報告書により筆者作成.

表 I.3.4　各年の東洋経済新報社『地域経済総覧』により筆者作成.

表 I.3.5　国土庁編（2000）:『国土レポート2000』，大蔵省印刷局，p.148.

[II.1：东京大都市圈的区域空间结构]

图 II.1.1　林 上（1991）:『都市地域構造の形成と変化』，大明堂，p.33. 原図は正井泰夫 監修
（1986）:『アトラス東京』，平凡社.

图 II.1.2　鈴木理生（1989）:『江戸の川・東京の川』，井上書院，p.12. 原図は『千代田区史』.

图 II.1.3　玉野和志・浅川達人編（2009）:『東京大都市圏の空間形成とコミュニティ』，古今書
院，p.40.

图 II.1.4　玉野和志・浅川達人編（2009）:『東京大都市圏の空間形成とコミュニティ』，古今書
院，p.40.

[II.3：东京大都市圈的地价分布]

图 II.3.1　国土庁土地鑑定委員会編（2000）:『地価公示』，国土庁，p.890.

图 II.3.2　国土庁土地鑑定委員会編（1999）:『地価公示』，国土庁，p.883.

图 II.3.3　国土庁土地鑑定委員会編（1997，1999）:『地価公示』，国土庁.

[II.4：东京大都市圈的工业多样性]

图 II.4.2　青木英一（1997）:『首都圏工業の構造』，大明堂，p.40.

图 II.4.3　鹿嶋 洋（1995）:京浜地域外縁部における大手電機メーカーの連関構造―T社青梅
工場の外注利用を事例として―. 地理学評論，68A-7，p.431.

[II.7：东京大都市圈的郊区生活空间]

图 II.7.1　荒井良雄（1996）:生活活動空間の基本特性. 荒井良雄・岡本耕平・神谷浩夫・川口
太郎:『都市の時間と空間―生活活動の時間地理学―』，古今書院，p.66.

图 II.7.2　川口太郎（1996）:都市住民の日常生活空間. 駿台史学，97，pp.57-87.

[II.8：东京大都市圈中周边城市的功能与规划建设]

图 II.8.1　国土庁大都市圏整備局（1985）:『首都改造計画』.
国土庁大都市圏整備局（1999）:『第5次首都圏基本計画』.

124

図II.8.2　東洋経済新報社（2000）:『全国大型小売店総覧』.

[II.9：东京大都市圈的外国人口分布]

図II.9.1　各都県国際交流部局による「外国人登録国籍別人員調査票」（各年末）.

図II.9.2　各都県国際交流部局による「外国人登録国籍別人員調査票」（各年末）.

[II.10：东京湾沿岸区域的变貌]

図II.10.2　シービー・リチャードエリス社『不動産白書』各年版.

図II.10.3　オリエンタルランド社，東京都港湾局資料.

表II.10.1　臨海地区観光まちづくり検討会（2004）:『臨海地区観光まちづくり基本構想』，p.12
　　より筆者作成.

[II.11：多摩地区的郊外居住区演变]

図II.11.2　東京都総務局（2008）:『東京都男女年齢（5歳階級）別人口の予測―統計データ―』.

表II.11.1　国土交通省編（2004）:『平成16年版首都圏白書』，155p.

[III.1：京阪神大都市圈的区域空间结构]

図III.1.4　戸所　隆（1994）:京阪神大都市圏の構造変容と商工業の立地変化. 高橋伸夫・谷内
　　達編:『日本の三大都市圏―その変容と将来像―』，古今書院，p.186.

[III.2：第二次世界大战前大阪都市圈的郊区社会与郊区生活]

図III.2.1　水内俊雄（1996）:大阪都市圏における戦前期開発の郊外住宅地の分布とその特質.
　　大阪市立大学地理学教室編:『アジアと大阪』，古今書院，pp.48-79.

図III.2.2　米軍空中写真番号 M85-1，37.

図III.2.3　米軍空中写真番号 M342，95.

図III.2.4　米軍空中写真番号 M31-1，33.

図III.2.5　米軍空中写真番号 M84-1，70.

図III.2.6　竹田辰男（1989）:『阪和電気鉄道史』，鉄道史資料保存会，p.81.

図III.2.8　竹田辰男（1989）:『阪和電気鉄道史』，鉄道史資料保存会，p.83.

[III.3：大正时代・昭和时代初期郊区住宅的诞生与通勤状况]

図III.3.2　内閣統計局（1930）:『昭和5年国勢調査報告　第3巻　従業の場所』（第2表「従業又
　　は通学の為の日々移動人員」）.

[III.4：京阪神大都市圈的地价分布]

図III.4.2　柏谷増男（1987）:大都市における地価形成―理論から現実へ―. 日本不動産学会誌，
　　2-3，pp.12-17.

[III.6：大阪湾岸地区的变貌]

図III.6.1　大阪市港湾局（2000）:*Port of Osaka 2000-2001*，p.5.

図III.6.2　宗田好史・あおぞら財団ほか（2000）:『都市に自然をとりもどす』，学芸出版，p.155.

[III.9：大阪都市圈的居民日常生活行动特征]

図III.9.1　奈良県商工連合会（1993）:『1992年度　奈良県消費動向調査II（データ集）』，p.224.

表III.9.2　奈良県商工連合会（1993）:『1992年度　奈良県消費動向調査II　報告書』，pp.113-
　　141.

[IV.1：名古屋大都市圈的形成和区域空间结构]

図IV.1.1　阿部和俊（1991）:『日本の都市体系研究』，地人書房，p.96.

図IV.1.2　日本地誌研究所（1969）:『日本地誌 第12巻 愛知県・岐阜県』，二宮書店，p23.

图Ⅳ.1.3　名古屋大都市圏研究会編（1993）：『図説　名古屋圏』，古今書院，p.16.

[Ⅳ.3：零售业布局的多样化与名古屋市中心的商业集聚度提升]

表Ⅳ.3.1　伊藤健司（2007）：市場の多様化と商業立地の多極化．林　上編：『現代都市地域の構造再編』，原書房，p.65.

图Ⅳ.3.1　土屋　純・伊藤健司・海野由里（2002）：愛知県における書籍チェーンの発展と商圏の時空間変化．地理学評論，75-10A，p.611.

图Ⅳ.3.2　土屋　純（1998）：中京圏の大手チェーンストアにおける物流集約化とその空間的形態．地理学評論，71-1A，p.11.

图Ⅳ.3.3　林　上（2007）：サービス経済化と都市地域構造の変化．林　上編：『現代都市地域の構造再編』，原書房，p.103.

[Ⅳ.4：仙台大都市圏的区域空间结构]

图Ⅳ.4.1　仙台市史編さん委員会編（1994）：『仙台市史　特別編　1自然』，仙台市，p57.

图Ⅳ.4.2a　田辺健一（1979）：『都市の地域構造』，大明堂，p.50.

图Ⅳ.4.2b　田辺健一（1979）：『都市の地域構造』，大明堂，p.53.

[Ⅳ.5：广岛大都市圈的居住区开发]

图Ⅳ.5.1　（財）広島市都市整備公社（1999）：「広島市開発動向図」（平成11年1月1日現在）.

[Ⅳ.6：福冈大都市圈的成长与国际化]

图Ⅳ.6.1　西日本新聞社（2009）：『九州データ・ブック2009』，西日本新聞社，p.76.

[Ⅳ.7：金泽都市圈的空间结构]

图Ⅳ.7.1　伊藤　悟（1997）：『都市の時空間構造』，古今書院，p.35.

图Ⅳ.7.2　伊藤　悟（1997）：『都市の時空間構造』，古今書院，p.37.

图Ⅳ.7.3　伊藤　悟（1997）：『都市の時空間構造』，古今書院，p.93.

图Ⅳ.7.4　伊藤　悟（1997）：『都市の時空間構造』，古今書院，p.94.

图Ⅳ.7.5　伊藤　悟（1997）：『都市の時空間構造』，古今書院，p.174.

图Ⅳ.7.6　高橋伸夫・菅野峰明・村山祐司・伊藤　悟（1997）：『新しい都市地理学』，東洋書林，p.134.

[Ⅳ.8：地方都市圈的商业空间布局与亟待解决的问题]

图Ⅳ.8.1　山下博樹（2008）：都市空間の再構築．藤井　正ほか編：『地域政策入門』，古今書院，p.174.

[Ⅳ.9：高松都市圈的商业与城市规划]

图Ⅳ.9.1　山下博樹（2001）：都市商業の盛衰と多様化．吉越昭久編：『人間活動と環境変化』，古今書院．pp.155-170.

图Ⅳ.9.2　国土交通省資料.

图Ⅳ.9.3　荒木俊之（2009）：高松市における大型店の立地動向—「まちづくり3法」の見直しとその影響—．地域と環境，8・9，pp.134-145.

[Ⅴ.1：美国的大都市圈多核化]

图Ⅴ.1.1　Hartshorn, T.A. and Muller, P.O.（1989）：Suburban Downtowns and the Transformation of Metropolitan Atlanta's Business Landscape. *Urban Geography*, 10-4, p.378.

图Ⅴ.1.2　Fujii, T. and Hartshorn, T.A.（1995）：The Changing Metropolitan Structure of Atlanta, Georgia: Locations of Functions and Regional Structure in a Multinucleated Urban

Area, *Urban Geography*, 16-8, p. 696.

図V.1.3　上記 Fujii, T. and Hartshorn, T.A. (1995), p 690.

図V.1.5　Soja, E.W. (1989)：*Postmodern Geographies*, Verso, p. 218.

表V.1.1　*Statistical Abstract of the United States 1992*, p. 34.

[**V.2**：旧金山湾岸地区的产业集聚]

図V.2.1　各社ホームページより筆者作成.

図V.2.2　小長谷一之・富沢木実編著 (1999)：『マルチメディア都市の戦略—シリコンアレーと
マルチメディアガルチ—』, 東洋経済新報社, p. 3.

[**V.3**：英国大都市圈的零售业空间布局]

図V.3.1　Davies, R.L. (1994)：Retail Planning Policy. in McGoldrick, P. ed.: *Case in Retail
Management*, Pitman Publishing, p. 232.

図V.3.2　Guy, C.M. (1984)：The Urban Pattern of Retailing. in Davies, R.L. and Rogers, D.
S. eds.: *Store Location and Store Assessment Research*, John Wiley & Sons, p. 76, p. 81.

図V.3.3　Guy, C.M. and Lord, J.D. (1993)：Transformation and the City Centre, in Bromley,
R.D.F. and Thomas, C.J. eds.: *Retail Change: Contemporary Issues*, UCL Press, p. 99.

図V.3.1　上記 Guy, C.M. (1984), p. 80.

[**V.4**：墨尔本大都市圈的郊区化和城市中心演变]

図V.4.1　オーストラリア統計局：*Melbourne Social Atlas 2006* による.

図V.4.2　VicMap およびメルボルン市役所の資料をもとに作成.

[**V.5**：中国的大都市圈区域空间结构]

図V.5.1　Sit, V.H.S. (1985)：Urbanization and City Development in the People's Republic of
China. Sit, V.H.S. ed: *Chinese Cities, the Growth of the Metropolis since 1949*, Oxford Univ.
Press, pp. 1-66.

図V.5.2　Sit, V.H.S. (1995)：*Beijing: the Nature and Planning of a Chinese Capital City*,
John Wiley & Sons.

図V.5.3　顧朝林・克斯特洛德 (1997)：北京社会極化与空間分化研究. 地理学報, 52, pp. 385-
393.

図V.5.4　邱友良・陳田 (1999)：外来人口聚集区土地利用特征与形成机制研究. 城市規劃, 23-
4, pp. 18-22.

[**V.6**：苏州都市圈的保护与开发]

図V.6.1　賀　長青 (2000)：近代都市における歴史的景観と観光—蘇州と京都を事例として—.
大阪府立大学大学院総合科学研究科文化学専攻修士論文.

[**V.7**：发展中国家的大都市圈]

表V.7.1　国立社会保障・人口問題研究所編 (1999)：『1999 人口の動向　日本と世界—人口統
計集—』, 厚生統計協会, p. 174.

表V.7.2　国立社会保障・人口問題研究所編 (1999)：『1999 人口の動向　日本と世界—人口統
計集—』, 厚生統計協会, pp. 172-173.

执笔人介绍（工作单位·专题分担）　＊编者

青木英一　　　敬爱大学经济学部教授，Ⅱ.4 节

阿部　隆　　　日本女子大学人类社会学部教授，Ⅳ.4 节

荒木俊之　　　株式会社 WESCO（建筑开发咨询专家），Ⅳ.9 节

生田真人　　　立命馆大学文学部教授，Ⅲ.8 节

石川雄一　　　长崎县立大学经济学部教授，Ⅲ.3 节

石川义孝　　　京都大学研究生院文学研究科教授，Ⅰ.2 节，Ⅰ.7 节

石黑正纪　　　福冈教育大学名誉教授，Ⅳ.6 节

伊东　理　　　关西大学文学部教授，Ⅴ.3 节

伊藤　悟　　　金泽大学人类科学系教授，Ⅳ.7 节

伊富贵顺一　　株式会社 JAS（城市规划·建筑设计）研究员，Ⅲ.7 节

香川贵志　　　京都教育大学教育学部教授，Ⅰ.6 节

贺　长青　　　苏州大学外国语学院讲师，Ⅴ.6 节

川口太郎　　　明治大学文学部教授，Ⅱ.7 节

佐藤英人　　　帝京大学经济学部专任讲师，Ⅱ.10 节，Ⅱ.11 节

谷　谦二　　　埼玉大学教育学部副教授，Ⅰ.4 节，Ⅳ.2 节

千叶立也　　　都留文科大学文学部教授，Ⅱ.9 节

土屋　纯　　　宫城学院女子大学学艺学部副教授，Ⅳ.3 节

堤　纯　　　　爱媛大学法文学部副教授，Ⅴ.4 节

坪本裕之　　　首都大学东京　城市环境学部助教，Ⅱ.5 节

＊富田和晓　　大阪商业大学经济学部教授，序言，Ⅰ.1 节，Ⅰ.3 节，Ⅱ.1 节，Ⅳ.1 节

丰田哲也　　　德岛大学 Faculty of Integrated Arts and Sciences 研究部副教授，Ⅲ.4 节

长尾谦吉　　　大阪市立大学研究生院经济学研究科教授，Ⅴ.2 节

桥本雄一　　　北海道大学研究生院文学研究科副教授，Ⅱ.6 节

＊藤井　正　　鸟取大学区域学部教授，序言，Ⅲ.1 节，Ⅲ.6 节，Ⅲ.10 节，Ⅴ.1 节，Ⅴ.6 节

藤卷正己　　　立命馆大学文学部教授，Ⅴ.7 节

正木久仁　　　大阪教育大学教育学部教授，Ⅲ.9 节

水内俊雄　　　大阪市立大学城市研究中心（兼任文学研究科）教授，Ⅲ.2 节

村山祐司　　　筑波大学生命科学研究科教授，Ⅱ.2 节

矢野桂司　　　立命馆大学文学部教授，Ⅰ.5 节

山崎　健　　　神户大学研究生院人类发达环境学研究科教授，Ⅴ.5 节

山下博树　　　鸟取大学区域学部副教授，Ⅱ.8 节，Ⅳ.8 节

山田浩久　　　山形大学人文学部教授，Ⅱ.3 节

由井义通　　　广岛大学研究生院教育学研究科副教授，Ⅳ.5 节

和田真理子　　兵库县立大学经济学部副教授，Ⅲ.5 节

译者介绍

王　　雷　　　1970 年 4 月出生，天津大学建筑学院城市规划系副教授，日本京都大学城乡
　　　　　　　规划学博士，主要研究方向为城乡一体化发展和农村综合规划。

译后记

大都市圈是指核心大城市与受其影响的周边城市在日常生活、社会经济活动中形成的一体化区域，其范围往往会跨越省、州、日本的都道府县等的行政区域边界，成为一些规划编制、工程项目实施、区域管理的基本单位。不同于美国拥有全国统一的大都市圈设定标准（"大都市区"……"标准都市统计区"），日本的国家机构和相关学会、民间团体等都拥有各自的大都市圈界定标准，譬如总务省（2010 年）设定了 3 个全国大都市圈和 7 个地方大都市圈，第四次全国综合开发规划（"四全综"）设定了 3 个全国大都市圈和 4 个地方核心都市圈，国土交通省设定了 3 个全国大都市圈和 11 个地方核心都市圈。在阅读本书时，读者应对书中所使用的大都市圈的设定标准予以留意。

在日本，大都市圈的概念早已深入人心，是普通国民在生活、工作中的基本活动空间之一，目前居住在三大都市圈的人口数约占日本总人口的一半。可以这样描述日本人的大都市圈生活：无论在电视台的天气预报节目中，还是报纸、地铁车厢内的售楼广告上，或者是自驾出游的道路交通地图上，"某某都市圈"已成为市民每天都要耳闻目染的词汇。另外，从大学毕业生的就业去向、年轻人新婚后的租（购）房选址这样的社会生活，到企业营销网点的布局等经济活动，"大都市圈"都是必须予以优先考虑的关键要素。

自 20 世纪 50 年代开始，日本政府着眼于其国内城市体系的发展阶段，并未急于谋求一步到位效仿当时世界上其他发达国家的城市群发展的现有成果。该国的政府部门、科研机构、专家学者率先对国内外各大城市集聚区进行了非常系统的研究，此后伴随着持久的分析、讨论，逐步推导出了可以合理引导该国大都市圈内外多方利益实现共赢的发展途径。所以说，今天日本的大都市圈现象，并非"自上而下"规划主导的结果。

从国内外的经验来看，人文地理学的学科特点毋庸置疑是长于分析、统筹考虑、大处着眼、理性推导。可是，如何使其研究成果能够真正实现接地气，直接为社会经济政策的制定和城乡规划的编制工作提供科学依据，不是很容易。迄今为止，日本的大都市圈研究工作之所以取得了一定的现实成果，除了拥有起步早、从未间断积累，以及研究机构和学者阵容整齐的先天优势之外，还得益于城市与农村的各类统计数据的完整性、持续性、准确性。另外，日本在长期面对全世界的最新理论和研究成果时所坚持的，虚心学习、及时借鉴、立足本国、改革创新的态度也在大都市圈研究中获得了丰厚的回报。

"图说"泛指兼附图画以助解说的著作，在我国最古可追溯到宋代周敦颐的《太极图说》，此后又有明代王徵的《诸器图说》等，郑观应在《盛世危言·商战》中提到："或具图说，请造作，则藉官本以兴创之，禁别家仿制以培植之"。在日本的正式出版物中，《三国通览图说》则是目前所发现的最早的图说著作之一，该书于天明 5 年（1785 年）刊行，为日本江户时代林子平所著的地理书·经世书，内容包括以插图解说日本邻接的朝鲜、琉球、虾夷（北海道的古称）三国和附近岛屿的风俗等之书籍和地图 5 幅（"三国通览舆地路程全图"）。

本书中的"图"在说什么？我们作为听众，应该怎样去"听"，才能准确地领略编者的意图，达到理想的效果？

我在1999年3月，从京都大学人类与环境学研究科的人文地理学研究室取得硕士学位后，进入到农学研究科的农村规划学研究室，开始专门从事农村规划和城乡一体化发展的研究，也正是这期间在京都大学生活协会书店购得了该书（2001年初版），回想起当时被这本书吸引的理由，应该不仅仅是因为在作者中间有我曾经的老师以及其他慕名已久的人文地理学者，更为重要的是源于该书在编写形式和内容安排上的独到之处。它的图文并茂、群策群力、内容精练、信息丰富，体现出了日本人文地理学的专业精神和专业特点。事实上，无论在人文地理学领域还是城乡规划学领域，迄今，我主要负责翻译完成的两部日文图说著作，书中都没有插入规划设计方案图，这十分耐人寻味。很显然，日本的学者们试图通过客观、理性的分析，结合图表或照片来告诉读者：这些大都市圈都发生了什么事，事物发展的规律是怎样的，问题正在如何得到解决。

自20世纪80年代以来，我国的学者和研究机构对于日本的大都市圈都给予了积极的关注，并发表了一些与之相关的介绍性论著或论文，但是国内已有的此类文献仍缺乏系统性、综合性，其中所引用的图表数据等也存在严重不足。本书的主要章节围绕着大都市圈诸多构成要素的分散聚合、逐渐演进的过程展开了细致分析，内容基本上涵盖了大都市圈中的主要城市问题——居民日常行动路径、居住区扩散、产业转移、新旧城的兴衰变迁及复兴策略等等，较为全面地概括出了日本大都市圈形成的基本规律和特点，并且对世界上一些主要国家的大都市圈也进行了介绍和分析。因此，相信本书能够在一定程度上满足国内大部分读者急于了解日本大都市圈全貌的需求。

适逢本书修订版出版后不久，能够及时向中国建筑工业出版社推荐该书，并被委任负责该书的翻译工作，让我倍感荣幸。在此，感谢中国建筑工业出版社白玉美主任的邀请和信任，同时对来自刘文昕老师的大力协助，再次献上诚挚的谢意！

2013年夏

著作权合同登记图字：01-2012-0759

图书在版编目（CIP）数据

新版 图说 大都市圈 /（日）富田和晓等编；王雷译. — 北京：
中国建筑工业出版社，2014.11
ISBN 978-7-112-17186-6

Ⅰ. ①新⋯　Ⅱ. ①富⋯②王⋯　Ⅲ. ①城市规划—研
究　Ⅳ. ①TU984

中国版本图书馆CIP数据核字（2014）第189770号

本书由日本古今书院授权我社独家翻译、出版、发行

责任编辑：白玉美　刘文昕
责任设计：陈　旭
责任校对：陈晶晶　王雪竹

新版 图说 大都市圈
［日］富田和晓·藤井　正 编
王　雷 译
*
中国建筑工业出版社出版、发行（北京西郊百万庄）
各地新华书店、建筑书店经销
北京京点图文设计有限公司制版
北京中科印刷有限公司印刷
*
开本：787×1092毫米　1/16　印张：8½　字数：196千字
2015年1月第一版　2015年1月第一次印刷
定价：**49.00**元
ISBN 978-7-112-17186-6
　　　（25972）